# 命由己定

## 人生自助成长宝典

世间若有传承，我将秉烛夜行。

世间若无传承，我将化光而行。

董道 著

文化发展出版社
Cultural Development Press
· 北京 ·

**图书在版编目（CIP）数据**

命由己定 ：人生自助成长宝典 / 董道著 . -- 北京 ：
文化发展出版社，2025. 5. -- ISBN 978-7-5142-4585-1
Ⅰ . B848.4-49
中国国家版本馆 CIP 数据核字第 20252PW540 号

# 命由己定：人生自助成长宝典

董道 著

责任编辑：安玉霞　　责任校对：岳智勇
责任印制：邓辉明　　封面设计：杭州众书
出版发行：文化发展出版社（北京市翠微路 2 号 邮编：100036）
发行电话：010-88275993　010-88275711
网　　址：www.wenhuafazhan.com
经　　销：全国新华书店
印　　刷：四川福润印务有限责任公司

开　　本：880mm × 1230mm　1/32
字　　数：120 千字
印　　张：4.5
版　　次：2025 年 5 月第 1 版
印　　次：2025 年 5 月第 1 次印刷

定　　价：88.00 元
I S B N：978-7-5142-4585-1

献给世间每一个：

**步履不停，化光而行者**

**现在，请你闭上眼睛想象一下。**

若干年后，你垂垂老矣，回想往事，脑海中涌上诸多懊悔的瞬间：诿过于父母，虚掷了时光，沉溺于虚无，偏歧于道路，选错了配偶，蹉跎于壮年，委顿于事业，忽视了家庭……

于是你向上苍许了一个愿望，说："求求你，再让我重返青春吧。这一次我一定会做到真实地面对，客观地判定，逻辑地审视，理性地选择，明智地行事……"

**于是，你睁开眼睛一看，回到了此时此刻的现在。这一次，请问你打算怎么活？**

# 答案启于自己

你可能缺少天赋、缺失传承、成绩不好、颜值不高、人无依靠、智无人导、伤无人疗，你彷徨、脆弱、迷惑、苦恼。你渴望一个光明的未来，却不知道究竟怎样才能获得。你盼望着实现卓越，却不知道如何才能成就卓越的自己。

当别人在温暖的家庭里茁壮成长的时候，你可能还困在糟糕的原生家庭里，被不智、伪智乃至反智的寒冰封锁了认知；当别人开始在爱情、婚姻、事业上突飞猛进时，你可能还在摸索着独自前行，无助地面对各种迷茫困惑与痛苦；别人的父母给予了子女心智传承，你可能还在本能延续着上一代无所作为或者错误作为的轮回。

你可能选择抱怨父母。他们只会讲那些毫无营养的说教，把“你要……”这个句式无数次地重复，只会说“你要努力”或者“你要学习”。这既可能缺乏有效的指引，还可能把你指引向错误的道路。在生活的旋涡里，他们也许会把自己对人生苦难的经验与感受传达给你，会把自己的欲望实现寄托在你的身上。

你可能选择抱怨世界。幸运之神似乎早已遗忘了你，那些幸福的故事似乎总是发生在别人的身上。没有人主动来告诉你那些万物恒久的规律、社会运行的规则、天道酬智的逻辑、等值互换的道理、超额利润的秘密……你可能要用 20 年、30 年甚至更长的时间自己去摸索。

然而出生时的幸运，注定不会平均分配到每个人的头上。并不是每一个父母都是积极上进、勇于承担的。在岁月的变迁里，有些父母只是增长了年龄，而没有增长认知；他们只是沧桑了容颜，而没有成熟心智；他们只是积累了一些人生碎片化的经验，而缺乏对人生系统的总结提炼。实际上，在认知领域里，他们也可能只是长大了的巨婴。对于缺乏家庭教育传承的孩子来说，成长是一个孤立无援的过程，不被帮助是自己的命运。你唯一可以信赖的，只有你自己不断成长的认知。

人一生重要的有两天，一天是自己出生的那一天，另一天就是自己认知觉醒的那一天。不能觉醒者，有可能一生蹉跎。缺乏认知者，有可能一世平庸。只有无法消除的痛苦，才是真正的痛苦。只有无法改变的人生，才是破碎的人生。

很多时候，并不是父母们不愿意教给孩子们成长的秘密，而是因为父母自己也没有搞清楚。父母的成功有很大的时代红利与运气成分，所以即便子女一代拥有相似的基因以及更好的平台，他们也很难达到和父母们一样的成长高度。

对认知不足的父母们来讲，运气是一种不确定的因素，颜值是一种具有保质期的短暂优势，地位只是拖延了子女向下坠落的时长，关系只是一道想象中脆弱的安全绳，资产的丰厚程度只是提高了子女容错率。

很多时候，人们真正缺乏的并不是金钱与机遇，而是方向与指引。假如一个人从来都不往天上看，就永不会知道天上星光有多璀璨。而一个社会复杂程度越高，则“仰望星空者”的价值会越大。一个人最大的不幸就是在低认知层次环境里，过早形成了自己的心智逻辑闭环，而错误观念的种子一旦被种在脑海里，有可能需要花百倍的精力与一生的时间才能够改正。

认知塑造命运，但认知来源很关键。有些人在过于年轻的时候，就被自己周围那些所信赖的认知不足者提供了错误的人生指引，被过往人生经验牢牢束缚了认知与心智，对那些在多年之后才能深刻理解的事物，做出有偏差的判断与结论，然后坚定地按照偏差认知，草草决定了自己的命运走向。

鹰击长空，雀宿檐廊。鹏游四海，蛙守井塘。如何逆天改命，幸福此生？本书将为你打开另一个认知世界，一个你身处其间但极少真正思考过、到达过的认知世界，一片隐藏在心智结界中的无限苍穹。

本书并不是为你通过各类考试准备的，也不是为你找到理想工作准备的，而是帮助你解答人生的问题，增加智慧的驱动，形成自己的思考与价值体系。本书将带你重新理解这个世界，拥有认识自我的能力、洞察世界的能力以及与世界和谐相处的能力，找到世间那些隐藏的本质、社会运行的逻辑、隐秘向上的阶梯，从而实现自助成长的幸福。

有的人了解自己，却不了解世界。他们通常不会选择提升自己的认知去面对世界，而选择用自己的人生去试错，然后把试错后的褊狭经验视为指导人生的真理。只有到了无力挣扎再无试错成本的年龄，他们才有可能理解一点对规则认知的重要性，但是这个时候他们早已陷入生活泥沼而无力改变了，因为他们知道得实在是太晚太晚了。

有的人了解世界，却不了解自己。很多人的前半生，在外部各项世俗指标不断指引下追求眼前的成功，包括技能、证书、荣誉以及一些谋生之术，但是无法做到真正提高单位时间产出的价值。人到中年，突然遭遇各种人生危机，继而备感失落与彷徨。事实上，只有那些真正掌握改变生产率曲线的人，才拥有真正意义上的成长。

有的人了解自己与世界，却不知道如何处理自己和世界之间的关系。生来困顿并不是你的问题，但一直困顿却有可能是你的问题。改变源于看见，实现源于预见。看见幸福者才有可能走向幸福，看不见幸福者则大概率会走向不幸。世界永远是那个世界，只有学会与世界融洽相处者，才会长久地拥有位置。那些不断与世界发生龃龉者，终将被取消现有的以及未来的位置。

人生是自己无数次选择累积的结果。未来的自己取决于你在当下的选择。世间美好的未来都可以被规划出来，多年后的自己，正是由现在之你所进行的每一个行为塑造的。

正确的认知与选择将令你在未来成为一个“七有幸福人”：（1）有智；（2）有财；（3）有美；（4）有闲；（5）有爱；（6）有情；（7）有未来。也就是指同时拥有心智资本、经济资本、颜值资本、时间资本、婚姻资本、家庭资本、育能资本。

塑造一个卓越者大致有四个路径：（1）天赋；（2）传承；（3）资源；（4）变异。有天赋的人可以依赖自己的基因红利，在考试中脱颖而出；有传承的人可以借助代际链的帮助，在代际支持中获得资源；缺乏天赋与传承的人则需要自己的良性变异，在持续变异中实现更好的自己。

有阳光雨露的孩子沐浴着阳光雨露成长，没有阳光雨露的孩子只能自助成长。有传承的孩子可以提着灯笼上路，缺乏传承的孩子可以把自己变成一束光，化光飞翔，照亮一方。

愿你化光而行，步履不停；脱胎换骨，浴火重生。

董道

2024 年 9 月 29 日

写于上海松江通波塘畔

# 目　录

# 第一部分

## 人生始于自决

# 第一章　重新认知成长

每个人都认为自己在成长，但成长的逻辑各不相同。成长具有上下、智愚、远近、大小、多少等不同向量的识别判定执行与实现。假如一个人对方向、优劣、远近的判断错了，以下为上、以愚为智、以近为远、以小为大、以少为多，那么其一定会事与愿违，他以为的向上成长其实是向下跌落，他以为的向前而行其实是向后而退，他以为的甜蜜其实是毒药，他以为的获得其实是失去。

成长皆有属性。若愚蠢被追捧，则智慧无意义；若向下被赞美，则向上无尊荣；若短视被认同，则远视被唾弃；若小利为理想，则大业不可成。向下者、向愚者、向近者、向小者都极难成长，真正的成长只能存在于向上者、向智者、向远者、向大者中间。

卓越的主要特性就是超越平均，表现为和别人不一样。假如表现为一模一样，那就不是卓越，而是平均了。对一个人来说容易走的路，可能也是别人容易走的路。理性告诉我们，要做正确而困难的事。如果不正确，就会做不大；如果不困难，就会没有竞争力。

所有成长都有代价，但不能因为有代价就不成长。一定要明确以下这个道理：有点儿用通常就是没有用，因为没有大过平均值；很有用才是真的有用，因为超越了平均值。明白这个道理，就会明白为什么要避免在错误方向上的做功，因为那样做不仅无益，还可能会有害，使自己无法获得超额利润。

为什么要重新认知成长？因为错误的成长不是成长。南辕派并不可怕，北辙派也不可怕，可怕的是南辕北辙派。他们一边渴望吃肉，一边说吃肉可耻；他们一边抱怨自己不幸，一边说不幸者更道德；他们一边讨厌身边的小偷，一边颂扬古代的盗贼；他们一边与不忠诚者共情，一边说真心难求。世间最远的距离就是南辕北辙。走在南辕北辙的路上，无论怎样努力向前，即使是一天 24 小时地勤奋，也是无法实现幸福目标的。

## 1. 方向判定：向上还是向下？

**人生重要的不是所站的位置，而是所朝的方向。**即使一个人身处沟谷，只要持续向上走，也会走上峰顶；即使一个人身处峰顶，只要持续向下走，也会掉落深渊。实际上，假如一个人不能解决行进方向问题，就永远无法真正解决自己人生的苦难。决定人生目标实现与否，至为关键的并不在于我们此刻身在何处，而在于我们将要朝着什么方向走。

选错人生方向者，常会遭到灾害的侵袭。当洪水来临的时候，重要的并不是盲目地四处奔跑，而是要向高处去。要知道高处在哪里，同时更要具有向高处行进的能力。世界极难改变，容易改变的只是我们面对的方向。成长的首要因素就在于找到并走在正确方向的路上。

世间很多悲剧，都是由方向错误造成的。有些人在辛辛苦苦、勤劳不懈、奋发图强、精神抖擞地走在向下而行的路上，这实在是一件看上去心痛、想起来悲伤的事情。有些人常误解自己是在每天向上，其实有可能只是每天在向前。而向前，既可能是在向上，也可能是在向下。

并不是所有生物都能看到三维的世界。举个例子：蚂蚁的眼睛里只能看到平面世界，只有前后左右的感知，而缺乏上下的概念。所以一只蚂蚁从竹竿顶部向竹竿底部爬行，从人类的视角看，这只蚂蚁是在向下爬行，而这只蚂蚁却会认为自己是在向上爬行。不断地努力向前，不断地退回原点。

有些人怀着向上的愿望，却持续走在向下的路上。他们也可能奋斗了一生却始终没有达成所愿，然后感叹自己命运不佳、运气不好，其实只是走错了方向，一辈子把向下而行误当作了向上而行。别人劝告他说：“你走错了方向。”他却依然执着说：“我的方向就是对的，我一直认认真真努力向前。”然而向南而行的列车，注定无法实现向北而行的愿望。

如何识别向下而行者？举个例子：告诉一个向下而行者不要用手去触摸高压电时，他可能会说“自由是一种天赋的权利，你不能用腐朽的经验来阻挡我触摸电线的自由”；当他被高压电伤害后，告诉他要吸取教训时，他可能会说“你应该谴责高压电，不去批评高压电而来批评我，这是典型的受害者有罪论”；当你说“世间早有结论，用手摸高压电是一种不智的行为”，他可能会说“不要对高压电有刻板印象，不要给摸高压电的人乱贴标签”。当你把之前发生的摸高压电致死的新闻给他看时，他可能会说“存在就有道理”。

习惯性认知并不是刻板印象。举个例子：人们准备晚上休息时，结果在卧室的床上见到一条蛇，那么通常会在一瞬间迅速逃跑，这是一种人类的习惯性认知。在那一瞬间，人们会凭借生活常识而迅速做出判断与反应，而不是去仔细分辨这是一条有剧毒的蛇还是一条普通毒性的蛇，是一条有毒的蛇或是一条无毒的蛇，甚至也不会去分辨这是一条真正的蛇或只是一条道具蛇。因为标签识别和印象快速分类，是一种人类大脑节省算力的高级技能，是归纳总结的能力。

向下而行者喜欢否定人们的习惯性认知。而把定义、分类、归纳、总结说成是刻板印象，而其真实的原因，通常只是因为担心会被世人看穿。在向下而行的语境中，荒谬常会要求取消判断，罪恶常会抗议区别对待；妄想常会排斥真实理性，贪婪常会抹灭逻辑客观；隔智者常会反对标签，降智者常会放弃分类；伪智者常会混淆是非，反智者常会颠倒黑白。

为什么有人会选择向下而行？因为努力不一定能成功，但不努力一定舒服。上坡总是很累，而下坡则很轻松。向下而行者通常会主动给自己大脑做认知切除手术，欺骗自己说向下而行是当前唯一的道路。他们更喜欢追求即时的快乐，而不是延迟的满足。向下而行的快感会在互联网上风行，甚至能够无缝隙地跨越国家、民族、语言的界限。

相对来讲，现代要比古代的向下而行者更多一点。因为古代是一个向上者才能生存的年代，生产力低下、食物不足、生存困难，向下而行者会被各种生存难题淘汰掉。而现代科技发达、衣食丰足，向上而行者会更有质量地活着，向下而行者也不会有生存难题，只是在低质量地活着。

在任何社会，都有一部分人选择向下而行。但就算是首富，也受不了持续向下而行的侵袭。对那些选择向下而行的父母来说，他们努力奋斗的意义，就是让自己的孩子向下坠落的时间可以拉长得更久一些。

为什么向下而行者喜欢抱团取暖？因为现实常会令他们感觉到什么叫冷。对向下而行者来说，现实仿佛是一个没有出口的迷宫，他们总是会被社会所惩罚。向下而行的人也可能通过偶然、侥幸或机会变得经济富有，但极难长久，也注定会得到反噬。为什么向下而行者喜欢相互催眠？因为他们怕自己醒过来，毕竟只有在梦里才存在他们想象的生活。

基本很少有人会阻碍他人向下而行的路。除非向下而行者已经开始严重影响社会的正常秩序。因为向下而行者通常讨厌被识别、憎恨被定义、反对被纠错、乐于发起攻击，所以在充满情商的社会上，大多数人缺少指出或纠正向下而行者的意愿。然而向下的自由终不是自由，而是堕落。

每个人都有选择向上而行的自由，也有选择向下而行的自由。一般来讲，向下而行基本不用教导，因为均值回归的存在，天生本能就能够做到。向上而行则要通过学习与思考，克服万有引力，只能由后天滋生的人性而激发。无论向哪个方向走，每个人都能找到自己的理由，无论对错。

向上而行者和向下而行者之间，各自有不同的道理。他们所认知的规律与规则通常是相反的，都会认为对方是错的，基本上彼此之间是无法沟通的。向上而行的道理，很难讲给向下而行的人听。向下而行的辩护、借口与理由，向上而行者也不会相信。世间每一个言论，都只是符合某一个类群的认知；世间每一种描述，都只是符合某一个类群的经验。

向下而行者主要由隔智者、降智者、伪智者、反智者构成。反智者不会相信知识的效用，隔智者不会相信智慧的区别。井蛙不会相信井外的世界，不幸者不会相信世间有幸福的存在。能令向下而行者清醒的，通常并不是道德与良知，而是来自社会与现实的惩罚。

反对向上而行的大致有两类人。一类是已经向上而行并登上山顶的人，他们会担心他人爬上来；另一类是已经向下而行并掉落坑底的人，他们会担心他人爬出去。爬到山顶的人通常并不希望所有人都爬上来，掉到泥坑里的人通常并不希望所有人都爬出去。所以向下而行者常同时被登到山顶者和掉落泥坑者共同肯定、美化甚至赞美，被赋予种种自由、权利、人性、道德的光环。

拒绝向上者常会反对智慧，限制向上者常会传播伪智；无力向上者常会丑化富有，阻挡向上者常会美化贫穷。

向上而行与向下而行是永恒的客观存在。假如所有人都向上而行，那么世界有可能是单调而无趣的；假如所有人都向下而行，那么世界有可能是悲哀而无望的。所以这个世界总是会有一些人选择向上而行，一些人选择向下而行，一些人选择向庸而行，于是共同组成了这个丰富多彩的世界。

## 2. 优劣判定：向智还是向愚？

什么是智慧？智慧是一种为生命整体考虑，发现最佳成长路径、做出利益最大化决策、指导最完美行为、最优化规避风险、实现最大幸福的高效能认知与能力。

智慧是人与人之间的主要区别。人与人的本质区别并不在于社会地位的高低、物质财富的多寡，而在于思想观念和认知思维的不同。每个人眼中的世界都是不一样的。有人选择向智而行，有人选择向愚而行。

每个人的思考方式里，都蕴藏着他的能力与未来。思维的质量，决定着人生的质量。一个人的思维方式，就是其理解世界并解决问题的方法与途径。一个人此刻的认知就代表着他的现在，一个人未来的认知就代表着他的未来，每一个更好的未来都需要认知升维的支持。思考有了深度，人生便有了高度。

优质思维方式是生活的指南针。较低的认知能力配以较高的行动能力，常会产生更高的破坏力。“有德无才，才不足以助其成；有才无德，德必助其奸。”世间那些缺乏认知高度的自由，就有如一个盲人在悬崖边行走，越自由越危险。

为什么有人会选择向愚而行？因为简单、方便、舒适、安全。向愚而行者信赖经验，喜欢用本能去认知事物。他们自身没有太多判断能力和适应能力，只愿意相信自己长期以来养成的习惯和思维，对于外界的变化有一种先天的恐慌感。喜欢把自己看不到的世界想象成自己喜欢的那样，然后生活在想象的世界中，而那些不符合自己认知与情绪的事物，统统滑走扔掉不看，慢慢地也就什么都看不到了。

为什么会有人把不智当作智慧？因为他们缺乏分辨智慧的能力。举个例子：有人迷恋那些不真实、伪逻辑、非理性、主观臆想的降智型网剧，还把里边的人物视为自己的人生偶像，认为自己在里边学到了一身的本领，获得了更多的智慧。实际上却是看得越多越降智，不断降低自己的心智，日益陷入不智的深渊。

向愚而行者通常无法判断智慧。因为准确判断智慧与不智，也是智慧能力的一种体现。他们因为自己不智，就选择无限美化自己的不智以及嘲笑他人的智慧，结果只能是造成自己持续稳定的不智，以及有概率发生的世世代代的不智。有人在网上发出疑问：“难道他们不知道越反智生活会越来越难吗？”对于向愚而行者而言，向愚并非末路，不智永是归途。

向愚而行者常看不见自己的问题。疾病首先应该被看见，才能被治疗。而向愚而行者总是看不见哪里有危险、哪里有深坑、哪里有幸福、哪里有未来，总是做出与正确相反的抉择，而把狡诈视为智慧、把智慧视为无聊、把花心视为魅力、把颜值视为品性。他们通常律他则严，律己则宽。很会挑别人、组织乃至社会的问题，却对自己的缺陷视而不见。很多人间悲剧都是可以避免的，只是向愚而行者会错过了所有的可能。

向愚而行者常把自己的不成功归结到良心上。明明是因为自己没有智慧，却总是怀疑自己是不是太善良了。向愚而行者常选择自欺欺人、诿过他人，宁可去证明别人的成功是靠不择手段，也不愿意审视自己失败的真正原因。哪怕是失败了，也要给自己找一个冠冕堂皇的理由，让自己看上去不至于那么失败。常会认为自己的感受比天底下任何道理都重要，不会从自身找问题，不反思、不反省、不改进。

向愚而行者常分不清是非，也辨不明善恶。他们常是阴谋论的信奉者，容易被一些带有恐慌性言论的新闻或报道带节奏。他们固执己见，认定自己所做的事情都很正确，自己所说的话都是真理。他们的眼睛只会看到自己，从自己的思维里去做事。他们分不清什么是好、什么是坏，缺乏客观判断能力。即使看到真相、了解真相，也依然选择相信谎言。为了利益不要立场，为了立场不要事实。向愚而行者极难回头，因为他们常选择以智为敌，不按常理出牌、缺少独立思考能力，他们的认知和观念与世界文明的走向常常格格不入。

市场上存在很多为向愚而行者量身定制的产品。部分热门影视剧、网剧，讲述一个向愚而行者，因为不智而被社会惩罚的故事，只不过常常会把不智的责任归结为别人或环境，营造出一个不智有理的伪逻辑，并且在影视剧、网剧结尾处强行放置向愚而行者在一瞬间胜利或解脱的剧情，极大抚慰向愚而行者的自欺情绪。

向愚而行者常具有一种盲慰者心态，即处在盲目的自我安慰之中。他们实际上知道自己身有不智症状，但是只要有其他人的不智症状比自己更严重，他们也能就此而收获到某种幸福感。所以他们乐于倾听别人的不幸，在浅薄的共情中得到人皆如此的宽慰，以及比较后的快乐。

向愚而行者依赖侥幸而成功。向愚而行者即使偶尔成功了，也并不知道自己为何而成功；即使失败了，也并不知道自己为何而失败。所以成功后也难以长久，失败后也还会再次失败。向愚而行富有者的破产并不是悲剧，只是恢复了他们本来的面目。向愚而行高位者的坠落也并非不幸，只是因果的呈现、逻辑的必然。不提升认知维度的成功与失败，都只会化作一次偶然，归结为一种命运。

向愚而行者依赖惩罚而纠错。能说服向愚而行者的，从来不是道理而是南墙；能点醒向愚而行者的，从来不是说教而是磨难。对向愚而行者来讲，只有折断的骨头才是生动的课本。被蚂蟥叮咬几次，才会对泥地怀有深深的恐惧。一般来讲，只有当向愚而行者被惩罚之后，他们才有可能会知道到底什么是正确的。

向愚而行者不愿意解决问题，而倾向于把问题后移。有人喜欢说“以后就好了”。例如，考上大学以后就好了、毕业以后就好了、上班以后就好了、结婚以后就好了……“以后就好了”其实有一个重要的前提，那就是提升认知。如果不提升认知，人生中未来的每一个阶段就可能是艰难的。当向愚而行者把命运选择托付给神秘学的时候，真实的人生也就只剩下了无措的迷茫，指向的都是自己给自己饮下的安慰剂。

什么是真正智慧的表现？真正的智慧一定能够解决经济问题、位置问题、家庭问题、夫妻问题、子女教育问题，达成经济富有、社会尊重、家庭和睦、夫妻恩爱、子女上进并且深爱父母。如果一种认知无法解决这些问题、实现这些目标，那就说明其一定不会是真正的智慧，而只是陈旧故事的回收站、偏狭经验的展示台、垃圾信息的收集场。

认知就是命运，改知就是改命。世间每个人的认知维度、知识结构、心智模式各不相同，这也是人各有命的主要原因。改变原因就是改变结果，改变今天就是改变明天；改变认知就是改变命运，改变自己就是改变世界。

## 3. 价值判定：远见还是短视？

不同的认知维度，会对事物价值尺度产生不同的看法。举个例子：如何确定长与短、远和近、全和缺、大和小、多和少、强和弱、得和失等度量值，也是一种认知与价值观的体现。在远见者与短视者之间，会存在着截然不同、完全相反的判断标准。

预测博弈的时间长度，通常决定了博弈的策略。那些总是想在人生短跑中获得名次者，往往就会在人生长跑中落后。因为擅长短跑的人常常缺乏长跑的毅力。所以在现实中，那些不想输在起跑线上的人，常常会输在终点线上。短视者常采用单次博弈的思维，然而人生并不是单元单次单维度博弈的结果，而是多元多次多维度博弈的结果。对于既要、又要、还要、也要、全要的人，常会付出延迟而来的代价。

一个人的眼光有多远，通常取决于其对舞台的定义有多大。其看到的视野越大，就越会知道什么才是真正的力量。对一个小学生来讲，写好作业就可以了；对一个高中生来讲，考上大学才好；对一个博士生来讲，论文通过才好；对一个企业家来讲，这些都不重要，创造利润绩效才好。人们会基于自己的眼光而做出决策。追求当下的人更喜欢短视，在此刻得到更多的收益；追求未来的人更喜欢远视，在未来得到更多的收益。

短视者往往能获得单次胜利。为了追求眼前的利益，即使是在最好的年龄里也喜欢去办小事、逐小利甚至与虎谋皮，从而失去宝贵的青春红利、时间成本、机会成本。他们觉得自己务必在当下拿到最大利益，因为以后就再也没有了。坚持一锤子买卖的思维，必须一把一利索。他们通常会弃大势而不顾，为雕虫而自得，干大事而惜命，见小利而亡身。

短视者往往能获得短期利益。他们不断地用大炮去打蚊子，等到真正决定人生命运的时刻，却恍然发现自己没有炮弹了。被短期利益分散注意力的人，基本上都错过了长期利益。“甘蔗没有两头甜。”一秒钟的拥有，并不是幸福的真谛，短暂的胜出也可能会迎来更长久的失败。

远视者会拥有更长久的喜悦，短视者只能拥有瞬间的辉煌。尽善尽美是追求所在，但永不存在。一个人把能量用在了 A 处，就必然会减少于 B 处。越是增加对无意义事物的关注，就必然会增加对有意义事物的缺失。凡事有利必有弊，而有得必有失。

短视者不需要预见未来，但也必将被未来惩罚。世上的一切选择都有代价。而年轻时放纵的代价最高，因为要用一生去偿还。不要轻易接受命运里那些不需要的馈赠，总有一天有可能会连本带利地还回去。很多人生选择的后果都是延迟呈现的，几年甚至是几十年，小时候的选择，经常是到成年后才知道是否后悔。成年后的选择，就只能用晚年去硬扛了。

远视者经常面临对与对的考量，即在两种甚至更多种都局部正确的解决方案之间做出选择。举个例子：甲决策部分正确，乙决策有利有弊，丙决策喜忧参半，这个时候怎么办？当一个人面临与个人认知及价值观相冲突的决策时，往往就会出现人生的决定性时刻。

称雄一时与称雄一世是两个概念，也是截然不同的两种人生。有人问："为什么孩子在小时候很聪明，长大了却非常平庸？"因为大部分人理解的所谓聪明，只是调皮、机灵、伶牙俐齿、能言善辩，其实这只是小聪明。真正的智慧则是专注力强、思维缜密、自律、有计划、有长远目标。小聪明是一种低级智慧的呈现，只是智慧的一小块碎片或影子，通常时间效力很短，也许解决问题，只能用于一时，而无法用于一世。

人生需要把握的不是局部的胜利，而是全局的胜利。后见之明的短期理性常令人们做出短视的选择，那些事关利益的直觉判断。对成败的所有裁决都不是一时的认定，而是长久的结果。远见是一种穿越时间的睿智。短暂的利益可以由聪明打造，长久的利益只能由智慧建造。只有智慧才能应用于全局、全面、全流程。

智慧是一种趋向于完美的智力活动及呈现，能够让问题在发生之前自动消失，通过改变策略或调整方法，从根本上减少或消除问题的发生。

## 4. 成长：革新从前的自己

过去的你，已不再是现在的你。在科幻影视剧《人生复本》里，男主角的每一次不同选择都会生成另一个版本的人生，导致在不同时空里有无数个自己同时存在。那无数个自己都具有相同的基因、相同的外表、相同的认知，但自己肯定不会认为所有其他时空的自己都是同一个人，他们彼此之间展开杀戮，而保证自己在这个时空里的唯一性……

每一个时间轴里的自己，都可视为不同的存在。因为人每一秒钟都可能会改变，只要有改变，就不再是前一秒钟的你。所以，昨日之你并非你，明日之你也不是你，甚至下一秒钟也不是你。请注意，这不是一个哲学问题，也不是一个科幻问题，这是一个思维模式的问题。改变思维，才能优化决策。

每个人都需要学会与自己的过去切割。青虫化蛹成蝶，而成熟的代价就是失去了原有的样子。这并没有什么对错，在不同的阶段必要有不同的形象。孩子般的天真，不能带入成年人的世界中去。中年时的成就与自信，也很难带入老年失能失智的时刻。一个人要学会与自己的过去割裂，才能顺利走进新环境。

长大就是意味着要变成不同的自己。假如有人反对这个观点，那么请主动继续维持受精卵的状态。每个人都会长大，那些永不长大的愿望，只能存在于童话中或者是在现实世界的惩罚中。就像蝌蚪和青蛙，成长的不同阶段可以视为两个个体。成长的意义在于今日之我非昨日之我，如果今日之我仍是昨日之我，说明根本就没有成长。

同一个人，处在不同年龄其认知也是不同的。向上而行的人，成年后的认知必会和年轻时不同。儿童时保有一种认知，少年时保有一种认知，青年时保有一种认知，中年时保有一种认知，老年时保有一种认知。不同年龄段的认知有可能是冲突的，甚至是截然相反的。成长后的自己，未必一定要和从前的自己共情。

人在强大的时候和在弱小的时候，完全是两种心态。有人会进化，有人会退化；有人会黑化，有人会颓化。在某种意义上来讲，同一个人的幼年、青年、壮年、老年也可以被视为是四个人。

每个年龄有每个年龄段所执着的事物。举个例子：3 岁时的棒棒糖、5 岁时的玩具车、7 岁时的奖状、16 岁的暗恋对象、18 岁的大学录取通知书……人生每个阶段都有不同的重要事物，不同年龄有不同想法，不同的阶段需求不同。人生在不断走向新的目标，也在不断抛弃曾有的执着。

共时要比历时更重要。一个人与此刻所身处的环境，属于共时关系。一个人与昨天的自己，属于历时关系。共时是在同一个系统内，而历时并不是在同一个系统内，看似整体，实为分裂。去年吃的食物支持了去年的生存，无法支持今天此刻的生存。今天的食物与今天的自己，则是处在同一系统内的。

成长就是意味着失去原有的样子。为什么“好汉不提当年勇”？因为此刻的自己早已不再是当年的自己。去年的衣服根本配不上今年的你，昨天的太阳晒不干今天的湿衣。这就能解释为什么人们总会遗忘过去。人们并不是真的遗忘了过去，而是因为缺乏共时性。人们看自己的过去就犹如是看一幅幅静态画面，即使曾经身历其间，回头去看也只是一张照片。

成长就是革新从前的自己。在很多时候，揭开伤口并不是为了让人感到痛，而是为了治愈疾病。在诊疗有误的骨折手术后，那些接驳错误的骨头常需要再次被打断。不要用错误的路径来实现幸福，任何寻求安慰的行为都不会让你得到成长，只会让你长期停留在那个你感觉安全舒适的臆想世界里。一只羚羊无论选择去哪里吃草，都是在吃草，吃蛋白质才是成长的方向。

世间一切厌世，都只是因为停止了成长。当一个人接触到曾经完全不曾接触的观念的时候，本能反应是害怕逃避与抵抗，因为未知意味着危险，改变意味着原有观念的消亡。人们害怕改变，只想活在昨天的舒适区、安全区里。然而实际上，昨天已经不安全了。你站着一动不动，危险并没有减少，减少的只是成长的机会。所有的成长都在路上，而且要一直都在路上。

不成长者实际上就是倒退。人生也许是从童话世界开始的，但是不能始终停留在童话世界中。不能依靠做梦去实现成功，把性格交给星座，把心智交给传说；把方向交给堕落，把行动交给神婆；把情绪交给怒火，把欲望交给饕餮；把认知交给神魔，把前途交给卡罗。

# 第二章　重新认知自助

藤壶鹅，学名叫作白颊黑雁。在北极苔原繁殖时，为了安全，只能筑巢于人迹罕至的 80—130 米高的悬崖之上。当小藤壶鹅破壳孵化出生两天之后，尚未学会飞翔就必须回答一道致命的选择题，那就是选择跳崖还是不跳崖。因为成年藤壶鹅不会喂养自己的幼崽，料峭的悬崖上也没有任何满足生存的食物。刚刚出生 48 小时的小藤壶鹅假如选择不跳崖的话就会被饿死，假如选择跳崖的话有可能会被摔死，那么该选哪一种呢？

对小藤壶鹅来讲，开局即地狱，出生即存亡。假如小藤壶鹅跳崖后未被摔死，还会遭到北极狐等动物的围猎。这是一场残酷的生命自助之旅，小藤壶鹅存活下来的概率大约只有 50%。那么藤壶鹅是濒危物种吗？不是。它是数量稳定的无危物种。这是为什么呢？因为每一对藤壶鹅父母都是这场残酷竞赛的优胜者，每一个存活下来的幼崽也都是这场生命竞赛的优胜者，不断完成物种的接力，继而将灵敏强壮的基因也不断地延续下去。

藤壶鹅的故事告诉我们：生而自助，才能战至终章。

成功并不一定意味着要赢在起点，也可以赢在加速度。并不是所有人都能获得一样的原生家庭，但每个人都可以是自己的盘古，都可以创造自己想要的世界。无须抱怨命运的不公，很多时候，戾气很重的原因并不是没有得到足够的爱，而是自己放弃了与命运的拼搏。

生活就是与生活的搏斗，在有限的选择中寻找最优解。有人认为欲望之苦在于年少清贫，有人认为人生之困始于毕业之后；有人认为幸福之失在于婚而不和，有人认为生死之难存于老病之塌。站在相同乃至更低的起跑线上，你只能期待自己拥有更高的奔跑速度。

## 1. 自我意识

因为教育和养育，并不是所有人都拥有自我意识。自我意识缺失者不知道自己真正想要什么，在茫然失措中随波逐流，在随波逐流中走过一生。他们通常不知道自己为何而来，也不知道自己为何而去。为了解决这种意识缺失，他们的主要办法就是观察别人想要什么，然后把别人想要的东西转化为自己想要的。

自我意识缺失者的存在感必须由别人的定义才能实现。这个别人通常是由那些具有自我意识的意见领袖或关键行为影响者来扮演的。举个例子：别人在短视频中跳什么舞，他们也去跳；别人说哪部电影好，他们也去看；别人说哪个品牌好，他们也去买……当别人暂时沉默的时候，他们也会暂时安静下来，然后继续等待下一个无意识潮流的到来。

自我意识是一个人灵魂的展现。自我意识缺失者讨厌被打上过时的标签，讨厌被视为落后的人群，不断追逐时尚、追赶潮流，他们希望用追逐时尚与潮流来验证自己的存在以及证明自己的价值。缺乏自我意识者类似于缺乏灵魂的躯体，只能在无知、无识、无聊、无意义中，走向机械麻木的旅途，麻木地走过一生。

人类与机器人的主要区别在于是否拥有自我意识。假如机器人也有了自我意识，能够自主学习和自我完善，那么也可以视为某种非生物体的人类了。笛卡尔说：“我思故我在。”所以在某种意义上来说，缺乏自我意识者也可以被视为类人型生物体。

自我意识常被认知不足的父母有意或无意地扼杀。有人说：“子女不管长多大，在老人眼里都是孩子。”这句话实际上就是在消灭孩子的自我意识。对于那些被养残了的孩子，《荀子》中有这样一句话：“生于深宫之中，长于妇人之手。未尝知哀也，未尝知忧也，未尝知劳也，未尝知惧也，未尝知危也。”

自我意识常被压抑与操控。举个例子：勉强别人就是一种常见的扼杀他人自我意识的行为。一些认知不足的父母不关心不在意子女的想法，只是一味把自己的想法强加于孩子身上，明知道孩子的意愿是什么却偏不让孩子得遂所愿，不容置疑地拿走孩子想要的东西，盛意拳拳地给孩子那些不想要的东西，还常常自我陶醉、自我感动、自我满足、自以为是。表面上是情商不高，缺乏空间感、分寸感、边界感，实际上是控制欲强并且扼杀他人自我意识的表现。

以自我为中心者通常会更喜欢宠物，而非人力资源。因为宠物能够提供给主人以慈善感、支配感、满足感，对主人来讲，好玩与有趣是受宠的关键，是他们的追求所在，而非一个独立自主、拥有认知与价值的灵魂。以自我为中心者更喜欢操控的乐趣，获得控制欲的满足。即使他们无法成为现实的主宰者，也可以成为宠物的君主。

以自我为中心者常会产生偏差的自我意识。明明是地球绕着太阳跑，但是从人类看起来，却是太阳绕着地球跑。这是因为人类站在地球上观察，以自我为中心看问题时，当然看不到事情的真相。人们在生活中遇到各种伤害、纷争、挫折，假如从自己的立场出发，往往也是看不到真相的，要尝试着从对方的角度看或者以第三者的视角观察才能看到真相。

每一个具有自我意识者，都是自己这部人生连续剧的主角。在子代的世界里，父代们其实只是一个配角。然而那些以自己为中心的父代们常错误期待永远扮演主角的身份，只有睿智的父代们会选择及时下场，并帮助给予子代上场的机会。

在无理由服从的环境里，极难产生自我意识。因为服从能够令缺乏自我意识者感到舒适，继而进一步压抑真实自我、放弃个人意志、服从别人的期望，导致最终完全丧失了人生的目标，继而过上没有自我意识的生活。

沉迷游戏的孩子常缺乏自我意识。他们会表现为只知道父母想要什么，而不知道自己想要什么。所有关于未来的描述都只是满足父母们的渴望。通俗地讲，那些未来都只是父母想要实现的未来，而不是他们想要的未来。他们无能主宰现在，也无法确定未来，由于在现实中找不到自我价值的实现，所以更喜欢在游戏里刷存在感。在游戏的世界里，幻想更容易实现，价值感更容易满足。

自我常需要他者来验证。他者是自我的一种人为建构，没有这个他者就无法确认自我。举个例子：社会评价就是一个常见的他者。社会评价机制通常会约束自我过剩、自我溢出。但当下社会评价机制正在被道德不断瓦解，反复被扣上歧视的帽子，失效的社会评价机制已经很难再约束自我溢出了。自我意识溢出者常把欲望表达叫作活出自我、放飞自我。

自我认知是改变的前提。自知者会清晰知道自己想要什么、不想要什么、想做什么、不想做什么、能做什么、不能做什么，能够给自己设定一个通过努力可以实现的疆域。知人者智，自知者明。一个无知而不自知的人，就如同高速公路上失控的汽车，所到之处皆是无法估量的灾难。

没有准确的自我认知，就会无法真实地定位自我。要么出现高于自己的自我，表现为自我陶醉、自我欣赏、自我傲慢、自我标榜、自我表扬、自我崇拜、自我吹嘘、自我错觉等。要么出现低于自己的自我，变现为自我贬低、自我矮化、自我放逐、自我封闭、自我攻击、自我孤立、自我怀疑等。

缺乏自我意识者常会选择拒绝长大。在缺乏自我意识者心中，他们不是一个独立的人，而是一个永远被娇宠的孩子。本质上是他们在长大过程中的社会化出了问题，是家庭教育的严重缺失。所有具有自我意识的人都会成长，只有那些缺乏自我意识、不肯提升认知、一辈子活在童话里的人心智不会成长。

自我意识偏差者常会形成错误的自我判断。有人喜欢在童话里建立自我，童话虽然具有较强的自我安慰功能，但坏处在于能够影响人的自我判断，在“自以为”和“他以为”之间出现较大的距离，继而会产生错误的自我。举个例子：所谓“公主病”就是一种常见的偏差自我意识。

自我意识成熟的标志是自我接受。当婴儿饥饿的时候，哪怕奶嘴晚进嘴 10 秒钟都会哭泣。在婴儿的简单认知里，他们的自我高于全世界。但随着成长，他们需要不断适应接受各种失望和挫折，提高对真实世界的耐受度。当自我认知越清晰，他们哭得就会越来越少，委屈也越来越少。人生中的很多痛苦，其实只是人们无法接受自我普通的自怨自艾。当人们能够认清自己的天赋方向，学会自我接受，那么就会用内在目标逐渐取代外在的虚荣心和虚妄心。

## 2. 自我价值

自我价值是一种高维度认知的体现。经常有人在网上说："人生是没有意义的。"这句话只能说部分正确。对那些认知不足、缺乏自我价值的人来说，人生的确是没有意义的，因为他们心智认知有限，看不到意义的所在，自我价值有限，找不到自我存在的认同，只能够在自我设限贫瘠苍白的精神世界里，机械而麻木地走完这一生。

认知不足者常会否定"自己无法认知世界"的存在。贫穷与富有是物质世界的区别，智慧与不智是精神世界上的区别。认知不足者即使实现经济富有，也很难看到意义的所在，所以常会否定那些自己无法感知的事情。对那些认知丰富、价值丰富的人来说，人生是有意义的。举个例子：玩游戏对于游戏玩家来讲，是有意义的；只是对游戏中的NPC（非玩家角色）来讲，则有可能是无意义的。

自我价值即人生的意义。主要有两种，分别为范围更广的大意义以及范围稍狭的小意义。

人生的大意义在于能够提高人类幸福的总质量。世间总会存在这样一群人，他们能够提升人类在某一方面的效率或效益，使其他人能够获得更多的美感、幸福感，也总会在世间或多或少地留下一些痕迹令后人缅怀纪念。例如，战国时的李冰、唐朝时的李白、宋代时的苏轼和现代的屠呦呦、袁隆平等。对于他们来说，人生的大意义就在于，世界因为有了他们的存在而会变得更加美好一些。

人生的小意义在于令你爱的人和爱你的人活得更好一点。那些爱你的人或你爱的人会因为你的存在而受益、欣喜、感谢，而不是受苦、受害、痛恨、愤怒。那些爱你的人或你爱的人会因为你的离去而悲伤、难过、惋惜、缅怀，而不是期盼、期待和迅速遗忘。没有人能永世长生，但可以把世界对自己的爱永铭心上；没有人能永生不死，但可以把自己对世界的爱永存人间。

自我价值的实现，需要建立付出与收获之间的正循环。举个例子：在游戏里打怪升级，也是孩子们的一种自我价值实现。每成功通过一个关卡，都能获得级别及道具卡片的奖励，每一次成功打败 Boss，都能带来自我价值实现的快乐。自我价值并不完全取决于结果，也不完全取决于付出的过程，而在于付出与结果之间的正反馈。再举个例子：假如在游戏一开始就满级全道具，那么无论怎么打败 Boss，都无法满足自己的空虚感，孩子们就会产生那种自我价值无法实现的缺失感。

每个人都需要证明自己拥有获得成功的能力，从而产生自我认同的价值。父母的屋檐再大，也不如自己有把伞。由自我构建的价值体系相对来说更稳定，话语权和掌控力都在自己手里，不会被别人牵着鼻子走。当人们把希望放在别人身上时，通常会选择等待；当人们把希望放在自己身上时，通常会选择奔跑。

不要把自我价值建立在他人身上。当一个人习惯于依附某一价值体系，并且所有价值感都来源于这个体系里面，那么一旦这个价值体系缺失或崩塌，曾经能在那里获得多少价值感，失去价值感的痛苦就会有多大，继而形成自我价值的崩溃。

不要把自我价值建立在恋人身上。为什么有些人会在失恋后想不开？这是因为在恋爱过程中，人们常会将价值体系不自觉地建立在对方的身上，所有的价值感获得都来源于对方的付出或者你为对方的付出。对方爱你和付出，你感觉到了自身被尊重和认可的价值。你爱对方和付出，让你感到了自我创造的价值。

不要把自我价值建立在孩子身上。同样的情况也会来自父代与子代之间，部分父代因缺乏自我意识，而把自我价值完全映射到子代身上，利用子女来实现自己的自我价值。假如子女成功了，他们就会视为自己也成功了，继而欢欣喜悦。假如子女失败了，他们就会觉得自己也失败了，则会情感崩溃。然而每一个人类都理应具有独立的自我价值，父代与子代之间无须化作彼此依附的产物。

缺乏自我价值者常会产生错误的自我价值锚定。他们通常会把过多的事物都和自我价值捆绑在一起，假如有人否定了这个事物，那在他们心里就代表了否定他的自我价值。举个例子：在世界杯期间，某人支持外国甲足球队，假如有其他人质疑否定甲足球队的实力，他就会非常愤怒甚至产生冲突。因为在他心里，否定甲足球队就是在否定他的价值。在现实生活中，这个人其实和甲足球队毫无关系，只是因为心理情绪就把自己的价值和甲足球队联系在一起、捆绑在一起。越是缺乏自我价值者，越希望验证自我的存在，因为只有这样才能找到一点自我价值的可能。

## 3. 自我选择

世间道路千万条，每个人都可以选择自己的人生走向。有人选择在池塘里称霸，有人选择在大海里遨游。有人选择从黑夜走向光明，有人选择从光明走向黑夜。一个人选择相信什么，就会走向什么；一个人选择走向什么，就会得到什么。人生不只是一条路，人生的呈现就是自己无数次选择集合的成果，也构成了人们最终的结局。

不同的自我选择，会创造不同的人生。就如同每个人都可以自由选择扮演戏剧舞台上的角色，既可以扮演帝王将相，也可以扮演才子佳人，还可以扮演贩夫走卒。选择都是在条件、机会、限制下做出的，每一个选择都具有难以复制的独特性要素。自我选择将展示我们是谁，也将塑造我们不同的人生。

人生是由各种选择综合叠加的呈现。有人使用本能来选择，有人使用理性来选择；有人使用经验来选择，有人使用认知来选择；有人使用情绪来选择，有人使用心智来选择。有些人没得选，有些人可以选；有些人放弃了选择，有些人做错了选择。所谓命运大多是不同选择的结果。

自我选择大致可分为七种。分别为：（1）无能选择；（2）否定选择；（3）放弃选择；（4）逃避选择；（5）错误选择；（6）正确选择；（7）丰富选择。

（1）缺乏自我价值者常会表现为人生选择权不足。对于缺乏自我价值者来讲，在现实世界里的选择往往不是一件令人愉悦的事，因为他们通常无法在更好和最好之间选择，而是要在很糟糕和更糟糕之间选择。有人说："你不能把这个世界让给你鄙视的人。"而缺乏选择权者，通常只能扮演那个被迫接受更差选择的人。

（2）认知不足者常会否定选择的意义。他们说："怎么选择都不对，因为选择根本没有对错。"选择当然是有对错的。很多人觉得没有对错，这是因为他们只看到了局部的输赢，却看不清事物之间的联系、算不清成本与收益、想不到更好的解决方案、不知道另一些选择的性价比优势，所以才会认为当下的选择就是最好的。如果提升认知与心智，打开了上帝视角，把所有的方案和结果都摆在眼前，立刻就会明白，原来世间的所有选择都有对错。

（3）无能选择者及否定选择者常会放弃自己的选择权。面对选择权不足这种状况，无能选择者常会百般纠结，继而采取缺乏任何实质解决方案的消极态度，最后就是不承认自己有选择权，给自己制造一种"我没得选"的假象。他们也许会说："怎么选都一样，因为命运不可更改。"

一味强调外部环境的不可变更性，只是对自己的放弃。有人说："人生最大的分水岭是羊水。投胎不同，命运不同。"这也没有什么错误，但仍然不是自我放弃的理由。社会隔离存在于方方面面，这一点既无须否认也不必太在意。即使掉进了泥坑，也不是一定要吃泥的理由。对你存在的困境与障碍，对那些身处泥坑依然奋进者也是如此，取决的只是打破障碍与困难的能力。很多孩子都是在选择自我放弃之后，而慢慢被社会抛弃的。

自弃者常诿过于命运。在失败者眼中看到的以及身边汇聚的基本全是失败者，志同道合所以言论一致。一个个失败者为自己辩护的理由汇总到一起，就会很轻松地得出失败有理、成功有罪的结论。成功者艰难奋斗的足迹在他们眼中是不存在的，只是影视剧里的传说或者是另一个平行世界里的故事，或者是臆想中某种不道德的产物。

（4）心性懦弱者常会逃避选择权。自由意味着选择，选择意味着承担。世界上总有一些人喜欢逃避自由选择，因为他们不想为选择的后果承担责任。他们表现为更愿意接受命运的安排、别人制定的标准、随波逐流的际遇、人尽相同的道路，这会给他们带来极大的安全感。

逃避选择者喜欢把自己包装成人生受害者。假如他们没有因为自己的逃避选择而受益，他们就会开启受害者自我禁锢模式，将失败和不幸怪罪在他人身上，向外归因、推卸责任，总认为是外界与别人在掌控自己的生命，是别人导致自己现在的状态。暗示自己无能为力并且不断在想象中强化外界的压力，最终让自己彻底失去行动的勇气和动力，也彻底失去解决问题的可能性。

逃避选择者常会自我欺骗。出于对未知的恐惧，很多人一辈子躲在舒适区里，用假勤奋来掩盖自己的真懒惰，用假积极来掩饰自己的真消极，用假努力来伪装成自己的真奋斗，用假读书来掩盖自己的真不智。怀揣着一种侥幸心理，希望用相对简单的付出取代深度的思考，用身体劳累、时间消耗掩盖认知维度的停滞、心智成长的萎缩。

自欺者常交托于幻想。对自己诚实，很多时候都是一件困难的事情。有时候事实只会带来痛苦，为了逃离这种痛苦，大脑只能逃离现实。在现实中遭遇挫折者，喜欢通过幻想来进行心理补偿，因为在幻梦里什么都有，所以有些人只愿意活在童话里。自欺就好比一个人对着镜子划拳，彼此做着相同的手势，然后告诉自己说“我一把都没输”。然而入世就得面对生活，房间里的大象，假装看不见是不行的。

逃避选择者喜欢抱怨一切。因为抱怨环境与他人，能够令自己得到同情。而抱怨的坏处则在于，会在这种错误的自我悲悯中彻底合理化自己悲凉的命运。

逃避选择者群体通常是靠分担痛苦而建立的。他们需要心灵按摩，继而建立起灵魂避难所，在自我欺骗中更容易达成自洽和快乐。他们希望更多的人走入不幸，好令他们显得不那么痛苦。他们只是为了实现他们的目的，却常把盲听者、盲信者、盲从者也拉入不幸的深渊。

（5）错误的选择会决定错误的人生。一个人的思维方式直接影响其所处的社会位置、生活质量。每个人都具有改变命运的可能，每个人在人世间的位置都是自己选择的结果。错误的演化道路以及过早的自我放弃、闭眼而行的自欺、认知失调的自辩，是很多人生不幸的肇始源。

（6）正确选择取决于认知与能力。为什么读书越多的人做出的选择越正确？因为无论是虚构作品还是非虚构作品，那些书里所讲述的大多是人类在不同情境中做出的各种人生选择，以及各种选择后产生的结果。读书越多者越掌握这种洞察因果的能力，信源变多，信息选择变大，会得到更多选择后的答案，从而在自己的人生中会做出更优的选择。

选择越多、选择时间越长，越能体现认知的巨大优势。在即时选择和短期选择里，认知的优势并不大。这也是认知常被嘲笑和蔑视的原因。有些人只有在火烧眉毛的时候才能想到要去求助认知，其他时间都是用不智去生存生活的，这恰恰是认知不擅长的领域。只要拥有正确的思维，即使没有资源也能不断识别机会寻找机会，并最终突破阶层的限制。每个人都应该为自己的选择买单。

（7）人生的目标在于拥有更多选择权。人生遭遇的不幸，有的是咎由自取，有的是意外之祸。人们常把能改变的称为能力所致，不能改变的称为命运使然。所有说命运不可更改的人，都有着各自的目的。而年轻人总会有机会去脱胎换骨、改天逆命。人生所有的努力都是为了让自己有更多机会做更好的选择。

## 4. 自我实现

自我实现是指通过自己的思维与行动，实现自己的目的、达成自己的愿望，并且在过程中展现了自己的价值与力量。实现自我价值者，常会自我肯定、自我欣赏、自我满足，把自我实现的过程与结果，化作一生美好的回忆。未实现自我价值者，常会自我厌倦、自我否定、自我不满。有人说，自己不喜欢这个世界，也不喜欢自己当下的生活。其实他们只是不喜欢那个无法自我实现的自己。

自我实现主要依赖于四点。分别为：（1）自学；（2）自律；（3）自省；（4）自驱。

（1）自学是人生的永动机。知识无穷无尽、常学常新、层出不穷、永不断绝，自学是能够广泛接触新认知的主要途径。比学习知识更重要的是习得自学的能力、掌握高效的学习方法、建立终身学习的信念。无法自我学习者只能煊赫于一时，而失意于久远。

自我学习的目的是差异演化，从乌合之众里脱颖而出。对于无法自学者，犹如无腿而行，35 岁有可能就是其性价比出现转折的时刻，开始出现负值的瞬间。自我学习是一种高贵的品质、稀缺的能力，注定只能被向上而行者喜欢和拥有。

（2）自律是一种看清因果的远见、洞穿未来的智慧、抑制本能的坚韧、高瞻远瞩的决策。

自律是摒除平庸的隔离墙。通常表现为在理性选择下的自我调控，主要包括律己与克欲。能够做到有所不为、有所必为。既知道自己要做什么，也知道自己不要做什么。既清楚自己什么可以要，也清楚自己什么不可以要。自律是一种抗拒低级欲望侵蚀、实现高级欲望的能力，能够有效地把平庸分隔在人生之外。

自律的主要特点是抓大放小、舍近取远。自律并不是简单的忍耐，而是以明确目标为基础，针对诱惑而言的一种放长线钓大鱼的自我克制与自我把握。举个例子：某个学霸拒绝恋爱，并不是因为他没有荷尔蒙冲动，而是他知道此刻控制这种荷尔蒙冲动对未来更有利。自律的人并非不娱乐，而是懂得适度娱乐。自律者并不是不想要，而是想得到的更多。

自律常表现为坚持，但坚持本身并不是自律。举个例子：某人坚持上班 20 年，这并不叫自律，实现以小换大的坚持才是自律，无意义的忍受并不是自律，只会徒劳地消耗一个人。自律者必将在未来收获的比现在更多，假如在未来收获的比现在更少，那就不是自律，而是自虐。直白地讲，不能实现以小换大的坚持，只是在重复自始至终的平庸。

自律常表现为吃苦，但吃低级的苦难并不是自律。生活的苦与累有千万种，低级的苦难是指体力之苦和生活之苦。有些人肢体勤劳却懒于思考，为了躲避思考甚至愿意做任何事，而这些低级苦难通常只能以痛苦为食而不能享用快乐，并不是人生进阶之石，只会使人麻痹、令人沉沦、让人陷入低质量的重复。

真正的吃苦是一种吃高级之苦、思考之苦、自律之苦。吃苦的本质是长时间为了一件事聚焦的能力，为了做成这件事所放弃的娱乐、社交、消费等成本，以及这个过程中所忍受的孤独和不被理解。真正的吃苦并不是指吃生活的苦和体力的苦，不是受穷也不是受累，而是指吃思考之苦。只有吃那些有价值的苦才可以化为丰沛的能量，让人深深扎根枝繁叶茂。

自律包含克制本能的智慧。纵欲是本能，自律是本领。接受诱惑是动物的天性，拒绝诱惑是人性的提升。人间清醒常表现为，对那些无法驾驭的东西，一开始就要远离。对于年轻人来讲，每一个从天而降、不劳而获的礼物，都将在未来买单。在人生中，只有那些你能够暂时放弃的，才更有资格长期拥有。

只有向上而行的强者才能用自律压制本能。对于无法自律的人来讲，钓钩永是钓钩，只不过上面的鱼饵看起来更香而已。即使知道快餐有可能不健康，但是正在饿肚子的人也等不起一两个小时慢炖。即使人们内心深处也隐隐感觉这种选择是不对的，但也不能忍、不能等、等不起、等不及。要并且马上就要，极度追求短期利益及感官享受。放纵欲望，基本上人人都能做得到，而克制欲望则很难，而世间的高级欲望往往需要通过克制与自律自驱才可实现。

当不自律者开始变得自律，这种行为常被人们称为励志。但励志也有标准，也分等级。关于减肥的励志，在自律者眼中，也许只是理性的回归；关于勤奋的励志，在上进者眼中，也许只是普通的日常。每个人对能够达到励志的标准各不相同，有些人励志的上限有可能只是别人的下限。对低级目标的励志通常只是一种自我设限，例如：明年要读一页书。对虚幻目标的励志只是一种自我催眠，例如：一百年后修仙成功。

并不是所有的励志都能产生共情。举个例子：某个 50 岁身体健康的人说“我要开始励志了，决定明天自己吃饭了，不让父母喂饭了”。只有高于自身的成长才是励志。某些人低等级的励志，对另一群人来讲有可能是可笑的，这也是某些不断自我感动的影视剧无法引发全民共鸣的原因。在现实中，有很多所谓励志的故事，在本质上并不是励志，而只是助眠，让向下而行者更好地在美梦中酣睡。

（3）自省是缔造卓越的孵化池。怀疑自己、否定自己、检讨自己、分析自己、革新自己是一种极高的智慧，叫作自省。“悟已往之不谏，知来者之可追。实迷途其未远，觉今是而昨非。”前进常常源于“我错了”，而堕落则始于“我永远正确”。在这个世界上，没有人不犯错，只是有人从来不承认错误、从来不改正错误。而永远不承认错误、不改变错误，就会永远地错下去。不正视错误者，必将再次犯错。

自省是脱胎换骨、蝉蜕龙变的前提。成长肇始于艰难的自省，自省是能够承认“我错了”从而蜕变成长的基础。人生中最大的问题不是犯错，而是讳疾忌医，不愿意面对自己的错误、改正自己的问题。成年人的每一次认知突破必定伴随着自我反省后的旧识崩溃，否则只是找理由为自己开解。只有正视自己的无知与无能，一遍又一遍地打破、割裂、推翻、重组原有偏歧的观念和认知，才能领悟成长真正需要的改变。

后悔并不是自省。后悔是一种较为低级的认知，是对未能达成满意结果的反思，常伴随着贪婪梦幻的破碎。后悔的人常会说“我怎么这么倒霉”。通常后悔的人还会重复后悔。而自省是对原因或过程的反思，常伴随着认知的颠覆、心智的革新，自省的人常会说“我为什么这么蠢”。通常自省的人不会再犯相同的错误。

（4）自驱是通往目标的发动机。自驱通常由愿望而驱使，由信念而加持，由目标而达成。常表现为“不待扬鞭自奋蹄”，其本质在于优势积累。自驱决定人生，自助者终会天助。对自驱者来讲，小池塘里留不住大鱼，所有的大鱼终将游向大海，也只能生活在大海里。

人不自驱，寸步难行。在很多时刻，人们完全知道自己应该做些什么，只是不想去做、不愿意去做、懒得去做或是拒绝去做。自驱力来自认知、信念与目标，缺一不可。自驱力的目的在于形成积极人生观，建立付出与收获的正反馈、正循环。对自驱力的培养属于启智术。

什么是他驱力？那些刻意强调内心的欲望、利益、目标的行为是他驱力。举个例子：一个母亲告诉小学一年级的孩子要考全年级第一，孩子实现了。第二年，母亲告诉小学二年级的孩子要考全年级第一，孩子实现了。第三年，母亲告诉小学三年级的孩子要考全年级第一，孩子实现了……但总有一天，这个孩子会厌倦的，会拒绝实现目标。因为这种由好胜心、虚荣心等外在比较需求而形成的都不是真正的自驱力，而是隐性的他驱力。

对他驱力的培养属于训练术。他驱力的目的在于养成习惯，建立不经思考即可执行的良性本能。基本上，所有在他驱力下取得的成效，如果没有最终在客体身上演变为习惯，那么终将失效。

## 5. 自我重建

错误的自我需要被打破。举个例子：当你老去、掉落泥坑，并且终生都无力爬出来的时候，你可以安慰自己说“泥坑温暖柔软是至美的人间居所”。当你尚且年轻，还存在爬出泥坑可能的时候请不要轻易放弃自己，要尽可能地走向泥坑之外，不要过早认同那些掉落泥坑者的自我安慰之言、自我辩护之理。

正确的自我需要重建。每一个具有独立人格者，都应该自己为自己负责。当你幻想着自己去拯救宇宙和平、银河系纷争的时候，实际上是在逃避自己真正的生命责任。实际上，当你无法拯救自己的时候，通常也是无法拯救别人的。不要让过去的自己，绑架现在的自己；不要让现在的自己，讨厌未来的自己；不要让未来的自己，后悔现在的自己；不要让年轻的自己，伤害年老的自己；不要让无知的自己，扼杀求知的自己；不要让不智的自己，毁掉幸福的自己。

要把全部的力量用来重建自我。不关注无关的信息、不倾听无谓的资讯、不掺和无聊的事情、不盲从隔智的经验、不轻信伪智的鸡汤、不接触降智的玄学、不结交无智的朋友、不纠缠别人的故事。不浪费时间去取悦世俗与庸俗，而是聚焦于自身的认知与价值。因为你的试错资本原本就少得可怜，千万别浪费在那些错误的东西上。

自我重建大致有八个过程。分别为：（1）自主；（2）自爱；（3）自信；（4）自强；（5）自致；（6）自愈；（7）自渡；（8）自助。

（1）自主者是命运的主人。会选择在自己的故事里做好主角。你之所以成为你，因为那就是你。环境与他人只能部分影响到你，但无法在根本上主宰你，能够主宰你自己的只有你自己。人的命运是处于无数种随机状态的，至于会达成何种结果均出于自己的意识选择。人之成长可分为自燃型、助燃型、不燃型和阻燃型。举个例子：同样是身处下雨天，有的人在等雨停，有的人在等别人送雨具，而有的人在努力地造伞。

（2）自爱者必会获得其所爱的生活。所谓爱自己，就是不要因为外界刻薄的环境，而自暴自弃；不要因为别人的错误，而惩罚自己；不要因为手中拿到一副烂牌，就向命运撒泼赌气；不要因为一次失败、一时的挫折，就颓废到底。当所有人都放弃的时候，你也可以选择坚守；当所有人都向下的时候，你也可以选择向上。

（3）自信是一种对自我的肯定。依据真实与虚假可分为四种，分别为：①真自信；②伪自信；③真自负；④伪自负。

①真自信者通过自己的真实成长而肯定自己。他们的自信来源于自己的成长与收获，来自自己和自己之间的比较。他们更重视今日之我强于昨日之我，只要确定自己在成长就会增加自信。对真自信者来讲，自我成长比任何外在评价都重要。他们并不需要特别在意别人的评价，也不在意某场比赛的胜利或失败。无论在现实中赢或者输，都不会影响他对自己的评价与肯定。赢本正常，败则自励。

②伪自信者是通过比较而肯定自己。他们常把对自我的肯定建立在和他人的比较之上，重在比较的结果。赢则骄傲，败则气馁。他们可以不成长也可以很差，但是只要比别人强一点就会觉得自己也不错。他们通常只有在比较中输了的时候，才会打击对

自我的肯定。

③真自负者是通过自己的想象而肯定自己。真自负者也会表现为不在意别人及外界的评价，但是这种自负却是来自没有成长的错误自我心理定位。直白地讲，自信者是真的成长了，自负者实际上并没有真正成长。举个例子：一个人读了半部《论语》，就觉得自己精通儒家学说；一个人看了一部军事电影，就觉得自己可以成为优秀的将领；一个人看了一篇网文，就觉得自己智慧无双。冲爆自负者大脑的是对自己的想象，而不是认知的提升。

④伪自负者是通过他欺与自欺相结合而肯定自己。他们依赖并相信外界的吹捧之词来建立对自己的肯定，更愿意彼此配合表演出一副虚假成功的样子。举个例子：即使全世界都在质疑神仙水能否医治百病，但只要卖神仙水的圈子之间彼此吹捧、互相打气，就能够营造出伪自负者的光环与气场。

（4）自强者是生活的强者。只为自强而努力，不为环境而抱怨。自我激励、自我调节，自强的方向是价值积累，不断积累自己的认知与能力。人生至优的保险并不来自保险公司，而是与时俱进的自己认知与能力的提升。

（5）自致者选择缔造自己的价值。“好男不吃分家饭，好女不穿嫁时衣。”真正人格健全者所实现的价值一定是自致的，而不是他赋的。凡是追逐不靠自身而依赖外界才能获得幸福的人，命运将总是和他作对。只有走下坡路的人们才会更喜欢强调出身，谈论祖上的光荣，走上坡路的人们更喜欢强调自己，彰显自己的奋斗。

（6）世间所有的治愈，本质上来讲其实都是一种自愈。在情绪的世界里，很多逆耳忠言未必是在给坏人做辩护，而是在给你指明方向。自我是社会的产物，会通过心智思维的复杂机制不断制造更新和重写。向上而行的道路，就是一个不断重塑自我的过程。而时间能治愈的，也永远是那些能够自愈的人。

（7）天弃自弃者，世渡自渡人。没有人能帮助到自我厌弃者，只有你自己不放弃，别人才有机会帮助你。春雨连绵，不润无根之草；荒野舟横，只渡自渡之人。醒悟的开始就是改变的良机，转念是所有问题的答案。世上没有白走的路，每一步都算数，或者累积了传奇，或者堆砌了不智。

（8）自助者将自我重建。祈求幸运，不如创造幸运。当你身处逆境之时，只需要做好三件事：多读书、读好书、一直读书。把自己当作一个企业去经营，不断投资到学习与成长上，提升自己认知、开阔视野、强大内心、扩展心灵、丰富心智、脱胎换骨，打开自助成长之门。

# 第二部分

## 重新认知自己

# 第三章　生物学上的“我”

## 1. 人性

人性并不是上天赋予的，而是诞生于群体，发源于文明。文明社会的人性之光能够改变行为规则、秩序形态，能够使社会秩序治理成本无限趋近于零。认知与文明被赋予了带领人类走出丛林社会的使命。

动物需要本能，人类需要人性。所有动物都具有天性，但其他动物都没有人性，只有人类具有人性。拥有人性者，可视为人类；不拥有人性者，可视为人形动物。基于人性，才产生了人权。

什么是人性不足者？人性不足者是指放纵自己的本能与情绪，还没有完全从野性进化出人性者。他们通常会颠倒黑白、是非不分、愚昧无知、盲目跟风、自私自利、弱肉强食、奸诈狡猾、欺压争斗，唤起原始本能，调动生物性深处基于暴力的观念，一般来讲，贪婪可以扭曲人性，不智可以泯灭人性。在大范围的野性之恶中，认知是无用的。在人性不足的环境里，尊崇天性者将胜出。

人性与天性的交替，决定了历史的走向。本能给时间以生命，产生了天性；理性给岁月以文明，产生了人性。本能常会与理性冲突，天性常会与人性相悖。文明就是人性化水平逐渐提高，而兽性因素逐渐消退的过程。

## 2. 欲望

欲望是一种对外部的需求，可以有很多外在表现形式。大致可分为：（1）原始欲望；（2）感官欲望；（3）消费欲望；（4）支配型欲望；等等。

（1）原始欲望主要指生存与繁衍。当生存都是难题的时候，人们通常会更聚焦在原始的欲望上。当物质丰富的时候，则欲望无须再被遮掩，而要被淋漓尽致地展示出来。古人说，饱暖思淫欲，仓廪实而知礼节。吃饱了之后，人们会更加注重感官享受。需要注意的是，颜值欲望并非原始欲望，而是感官欲望。举个例子：盲人依然具有原始欲望，但并没有颜值欲望。

（2）感官欲望指的是由视觉、听觉、味觉等对感官愉悦刺激的期待。由感官欲望导致的愉悦刺激通常会边际效益递减，越刺激越需要更强的刺激。

（3）对消费欲望的迎合是现代商业成功的秘籍。因为只有迎合欲望才能实现消费。所以依据对欲望的满足划分了不同的市场，所有的人性化需求都将被市场分别满足。在消费时代里，消费者会拥有更多的话语权。他们对消费欲望的渴求与实现，往往能决定一个时代的经济格局和产业框架。不同的产品各自满足不同的需求，也有着各自渴慕的人群。

（4）满足支配型欲望能够带来权力的错觉与愉悦。拥有相应职位的人，通常能够在工作中实现支配他人的欲望。没有相应职位的人，通常能够在生活中实现支配宠物的欲望。支配的合法性来源于认知、年龄、身份、物种、颜值等。

合理的欲望基于认知与心智之上，既能知人也能自知，根植于真实、逻辑、理性、客观，能够设立合理目标，也能够有效创造获得的条件、实现的途径。使用自学、自律、自省、自驱，而自主实现。

“欲望”本身是一个中性词。每个人都需要适度的欲望，只有那些过于贪婪的欲望才应该被反对。欲望要有边界。欲望过低通常无动力，欲望过高则容易焦虑，恰到好处的欲望最给力。适当的欲望令人自尊，过度的欲望会产生自卑或妒忌。自卑的产生，多源于自己的欲望超过了能力。

欲望并不是理想。缺乏系统支持的目标只是欲望，拥有系统支持的目标才是理想。每上到一个新层级，就会产生新层级的欲望与要求，这种欲望是永无止境的。当一个人的无知和贪欲战胜了理智，那么逃离灾祸就不远了。

放纵自己的欲望是最大的祸害。越是苍白的头脑，越是需要新奇事物的刺激。很多短期的刺激与欲望，虽然价格低容易得到，但长久的人生综合效益也很低。低质量快乐让人获得了短暂的快感和满足，却收割了人们最宝贵的时间与精力。

躺平通常只对低欲望的人有效。对于一个欲望标准要和世间平均看齐者来讲，只会由于今天的躺平，而在未来更加躺不平。只会因为今天的舒服，而导致未来更不舒服。在这个世界上，既有希望得到的“要”的欲望，例如想要拥有高收入、高地位，还存在另一种“不要”的欲望，例如不要生病、不要被裁员、不要被伤害。躺平能够有效消减或消亡那些关于要的欲望，但是通常无法阻止不要的欲望。

## 3. 满足

在一场家庭聚会中，孩子们纷纷向父母索要手机玩游戏，为了不破坏气氛，父母们告诉孩子，只可以在今天玩游戏，明天就不可以玩了。孩子们纷纷点头，然后躲在房间里开始拼命地玩手机，什么聚会活动也不参加了。一场家庭聚会于是变成了家长聚会，孩子们则在各自玩各自的手机。

为什么会出现这种情况？因为孩子们一旦确定了自己明天不能玩手机，那么今天就会更拼命地玩。同样，当孩子们确定未来不可能更快乐的时候，就会在今天选择释放所有的快乐。这是一个恶性循环的过程。越是没有未来者，越容易选择及时享乐；越是选择及时享乐者，则越没有未来。

求近弃远常出于现实的考虑。在现实中，向下而行者由于生活压力大、资源有限，往往更关注眼前的生存问题，而缺乏长远的规划和目标。他们可能更注重即时的满足和短期的利益，而忽略长期的积累和发展，不愿意用较长的时间来提升认知、改变阶层。一边心存幻想一边急不可耐，在这样的矛盾中度过可能是大部分人的人生。

为什么向下而行者更愿意享受即时满足呢？因为在他们内心深处，他们认为自己没有未来。他们就算每天都牺牲“1”，明年也只能换来“365”。而即时满足、及时享受却能立刻带来感官上的愉悦，令多巴胺分泌、荷尔蒙激增，飘飘欲仙，快乐齐天。延迟满足却只能令他们更加痛苦，因为有可能现在不享受，未来则可能再也不会拥有了。

为什么向上而行者更愿意选择延迟满足呢？因为延迟满足的本质是以小换大、以弱换强、以付出换收获、以暂时换永久、以短暂的忍耐努力换取长久光明的未来。以牺牲今天的“1”，换取明年的“1000000”。延迟满足并不适合所有人，只适合拥有未来的人。不要求即刻奖励的人，理应获得更大的奖励。巨大的真正的成功，往往属于那些眼光长远、不懈努力的人。

延迟消费、延迟享受并不是延迟满足。举个例子：有的人喜欢节俭，不花钱不消费不享受，用很长的时间来攒下一大笔钱，然后很久以后再集中消费。这不是延迟满足，这只是延迟消费、延迟享受。延迟满足是指为了获得更有价值的长远利益，而自愿延缓或者放弃当下可立刻取得的较小满足的抉择取向。延迟满足是目标结果的增大、质量的突破、阶层的提升，不是同质同量在时间上的后移。

## 4. 情绪

情绪是一种反映在心理与生理上的状态。

什么是情绪巨婴？情绪巨婴是指一个徒有成熟的外表，心理年龄却甚为幼稚的成年人。他们对自己的要求低，总和最差的比；对别人的要求高，总和最好的比。自己可以无限犯错，但世界也必须无限次地原谅他们。别人不可以犯一点错误，犯一次错误就该以死谢罪。宽以待己，严于律人。任何问题都是别人的错，犯错的永不会是自己。

情绪巨婴常表现为四种状态。分别为：（1）自我中心论；

（2）全能自恋狂；（3）幸福绝缘体；（4）不幸制造机。

（1）什么是自我中心论？在他们的世界观里：我就是万物，万物就是我。万物皆小，唯我最大。完全以自我为中心，世界都得围着他转。他们经常说的话就是“我觉得、我认为……”，以自我为中心，总以为自己是超脱规律的神。让世界按照自己的心愿来运转，总喜欢和规律做斗争。极度自私与缺乏思考能力，还总是喜欢装作无私和具有莫测高深的智慧。

（2）什么是全能自恋狂？他们普遍具有全能型心理，分不清幻想和现实，错误地认为自己的影响力很大，这会导致他们对外界的控制欲太强，如果外界不按照他的意愿来行动，他们就容易情绪失控和愤怒。他们习惯满足于自己的想象世界，严重脱离现实，不能接受与自己预期不符的事物。他们在自己的想象世界里是无敌的，因为他们基本不受现实生活的影响，有着一套专属于自己的伪逻辑。

（3）什么是幸福绝缘体？长期与苦难做斗争者，常跟快乐有仇。因为他们自己不快乐，就不允许别人快乐；他们自己不开心不幸福，也不允许别人开心幸福。他们会把开心幸福视为一种罪，把开朗自信视为一种狂。只要别人感到开心，他们就感到不开心。只要别人感到幸福，他们就感到不幸福。他们认为每个人都应该努力地在生活中表演苦难，有困难要演，没困难创造困难也要表演；生活、工作中，常表现出愤怒的状态，看任何人都不顺眼，看任何事都令他们生气。

（4）什么是不幸制造机？他们的整个人生就像情绪黑洞一样，会吸干身边所有人的愉悦，总是会让家庭不和谐、家人不愉悦。为了接住他们的情绪攻击，周围的人们往往会如同置身于深渊，给身心带来无限耗损。他们就像行走的炸弹般一碰就炸，随时随地爆发。一旦他们觉得不如意，就会毫不克制地向身边人宣泄情绪。最后把身边的每个人都变成情绪黑洞，压垮所有家人的人生。

什么是情绪价值？情绪价值指的是一个人影响别人情绪的能力。一个人越是给人带来舒服、愉悦和稳定的情绪，那么他的情绪价值就越高。并不是所有人都能够提供情绪价值的，通常是那些具有经济价值、心智价值、颜值价值者才能够提供。就如同智慧者说话能让人如沐春风或醍醐灌顶,不智者讲的笑话有可能一点幽默感都没有，只是在制造噪声。

一般来讲，获得情绪价值者都是要付费的。人们大多喜欢获得他人的情绪价值，但是那些认同、关怀、赞美、吹捧、阿谀、奉承者都只是在等着未来的回报。无论这些情绪价值来自兄弟、闺密或恋人，其结果都一样。温柔是一种情绪付出，微笑是一种情绪劳动。获得情绪价值是要付费的，不是在今天付费，也是要在以后付费，天底下没有免费的情绪价值。

对别人情绪价值的勒索常会遭到延后的报复。举个例子：在恋爱中，经常有人想要得到对方的极限情绪付出，用种种方式考验对方关于爱的程度。所谓爱就是一种情绪，提供爱就是提供情绪价值，获得爱就是获得情绪价值。因为提供情绪价值者都是要收费的，那些在特定情境下，情绪价值被超限勒索者，绝不会遗忘自己的忍耐与付出,所以有可能在未来要么会用犯错要么会用报复来获得心理平衡。一般来讲，只有心理年龄没成熟的弱者，才会向别人勒索情绪价值。不遵循等值互换者，终会遇到后付费困扰，无论男女。

为什么那些价值缺失者更喜欢难为他人？因为他们总是在现实中扮演情绪价值输出的角色，内心深处也极度渴盼获得他人的情绪价值。所以他们喜欢在力所能及的范围内，最大限度地难为他人，以他人的痛苦为自己的快乐之源。哪怕是你并没有侵犯他们的利益，他们也会对你实行攻击，如果此时你还跟他讲道理，那么正好满足了对方的虚荣心，他们会加倍难为你，随之而来的是更多的价值缺失者参与进来。因为他们都知道，可以从你身上获得情绪价值。

对于情绪驱动者类群来讲，情绪价值比天还高。他们把情绪当作认知，把情绪调动当作精神满足，可以为情绪无所不为。可以说，他们的整个人生都是被情绪所驱动的。情绪化的背后，是没有独立思考的能力。做任何事情全凭自己的一时好恶，完全不管值不值得，是不是应该做，凭感觉做事。当人们处于情绪之中，事实和数据是无用的。

在情绪价值上发力，是商业突破获取财富的有效偏方。情绪是伪智发生的土壤，伪智的存在主要是用来迎合情绪的，有着丰富的消费市场支持。在不理性情绪下，收割大批的智商税。情绪文、情绪书、情绪剧、情绪秀都是用来制造不智的。情绪感知是精神的快速消费品，情绪感染常会带来盲目性模仿。

理性程度越高的人，则越不愿为情绪价值付费。理性恒久远，情绪管一时。布衣之喜无足轻重，匹夫之怒无改于世。凡人的情绪变化都无助于现实。情绪除了影响自己，大多是无意义的。情绪的力量只能起到短暂的作用，而鸡血式的热情无法长久。因为没有底层逻辑做基础，很快就会塌方。

什么是情商？情商是一种对情绪控制的能力，起到掩饰的作用，真正的情商需要使用理性与认知。情绪控制本我，理性控制超我，认知呈现自我。真正的情商包括对社会的认知、对自己的认知、对自己与社会关系的认知。情商的本质是选择性说话，而不是一味说赞美的话。情商高的表现是说正确的话，就是在合适的时间、合适的场合说合适的话，与真假无关。

什么是伪情商？那些推崇伪情商者常把人际交往演化成了操纵技巧与表演策略，充满了人情世故、阴谋诡计的味道。所谓见风使舵、情商高的人，一般道德标准都比较低。“奸诈”不是高情商，“投机取巧”也不是高情商。伪情商常表现为两面三刀、趋利避害、虚情假意、满心算计、溜须拍马、阿谀奉承、欺软怕硬、恃强凌弱、心口不一地说好话去取悦他人。

理性通常与情绪成反比。人们对事实了解得越少，就越容易动情绪；人们对事实了解得越多，就越容易理性。情绪会向我们解释为什么要去做，理性则会告诉我们应该去做什么；情绪会告诉我们去做那些想要去做的事情，理性则会告诉我们要去做那些应该去做的事情。智慧不足者，更喜欢用情绪驱动行为。智慧丰富者，更喜欢用理性驱动行为。对于情绪驱动者，情绪共情高于解决问题。对于理性驱动者，解决问题重于情绪表达。非理性者的行为更多地来自情绪而非理性。

对于个人而言，不能让情绪长期占据上风。效率源自理性和情绪的微妙平衡。假如偶尔去做情绪驱动的事情，并没什么障碍，还能对心理健康有益。但长期去做情绪驱动的事情，就会越来越错。举个例子：小颗粒钻石贩卖的只是情绪价值，而不是实际价值，买一颗小颗粒钻石能够满足情绪价值，但把所有的钱都投资到小颗粒钻石上，则会损失巨大。

## 5. 理性

如何判断谁是非理性者？非常简单，可以参看以下三点。①非理性者极难会说“我错了”，这远比要他们的命还难，大部分非理性者终其一生都没有说过这三个字；②非理性者常会拒绝谈论死亡，因为非理性者无法面对真实，尤其是那些隐含痛苦的真实。非理性者对真实的厌恶程度常令人难以想象，很多时候即使脸被打肿了也非要说自己是一个胖子；③非理性者几乎无法做到延迟决策，他们需要立刻马上做决策，因为他们通常缺少心智内存，要么现在做决策，要么就永不做决策。

非理性是特定群体的通用语言。非理性是某些群体的必备工作技能，在特定群体内生存的易容术、隐身术。掌握并使用非理性可轻松地混进这个群体，让这个群体接纳你，认为你是自己人。就如同刺青、文身、吸烟一样，只要你也刺青，就更容易被同类人群接纳。

理性是一种对本能的抑制。非理性是先天的本能，理性是后天养成的优质品性。因为理性崇尚真实与逻辑，所以理性者常被非理性者视为无趣的人。理性者并不被非理性者所欢迎，理性的话语常是刺痛人心的荆棘。理性几乎是无法改变非理性的。因为理性通常是非理性嘲讽和贬低的对象，而不是被非理性尊崇的对象。

为什么男性通常更理性一些？因为男性总要面对真实而残酷的事情，一旦不理性就要被这个世界狠狠地惩罚。所以男性不得不理性。年轻女性通常具有性别红利，即使偶有情绪化想法和做法，也会被世界轻易地原谅。但这种对于性别的保护是有年龄限制的，一旦超过某个年龄，这种性别红利就将逐渐消失。

## 6. 颜值

颜值是指个体的综合形象识别。颜值表现为直觉判断，是一种有限理性，是某种欲望的体现，强调的是一种感性的价值。颜值在视觉上是一种能量，在流通上是一种货币，在社交中是一种磁场，在差异性中是一种稀缺。颜值具有三个属性：美学属性、社会属性、经济属性。在审美上展示了美学属性，在生产上展示了社会属性，在交换中体现了经济属性。

颜值是可衡量的资产。所有的差异均可形成溢价，所有的稀缺均可实现价值。无论男女，都具有向异性收取颜值补偿的需求。颜值是可投资的资本，可以通过投资转化为婚姻资本、经济资本、关系资本等。

颜值是一种流动的货币。颜值能够产生收益、带来利润，尤其体现服务性行业。娱乐行业是利用颜值资本的集中体现。对颜值的定价既可以用物质优势来表示，也可以用人力资本来表示；既可能意味着更多的经济补偿，也可能意味着更高的身份地位。颜值提升能够带来货币收入以及非货币收入的增加，颜值减损也能带来货币收入减少或者个体总福利降低。

颜值受着时间和空间的制约。颜值天赋在某种意义上来讲等同于青春资本，随着距离而增值，随着时间而贬值。颜值主要作用在于激发情绪与情感，而情绪与情感恰是驱动世界的主要动力。所以为了这种功能的完美实现，偶像电视剧里的主角可以得绝症，但绝不可以得白癜风、牛皮癣这样影响颜值的疾病。目前解决颜值差异的主要是化妆师、整形师和修图师。

## 7. 时间

每个人都天生具有时间财富。时间包括学习时间、工作时间、娱乐时间、交通时间、闲暇时间、睡眠时间等。有人用学习时间提升心智，有人用工作时间创造价值。依据交换产品的反馈，人们的时间财富也各不相同，人生的最终呈现就是各自使用时间交换的结果。世间各种物质财富和精神财富都可以视为时间财富的变现。

时间对向上而行者来讲，价值巨大。向上而行者充满希望，会把时间当作生产资料，用在有价值的事物上。他们能够识别时间的价值，所以他们也愿意购买时间，凡是能够提升效率、缩短无意义时间的事情都喜欢去做。磨刀不误砍柴工，他们能够识别时间的成本，他们知道想要向上而行，靠的就是提高效率与质量而来的单位时间价值。当一个人看不到时间成本的时候，通常也看不到时间价值。

时间对向下而行者来讲，则价值存疑。向下而行者了无希望，常会把时间当作消费品，用在无价值事物上。因为世间无价值事物基本没有进入门槛，不需要投入其他资源，只需要单纯地投入时间。对他们来讲，时间并无价值，多一点和少一点都不改变现状。也许有人说：“凡是没有提高时间生产力的投入全属浪费。”但向下而行者常会想：“浪费就浪费吧，反正也没什么用。”只有在消费中，向下而行者才能看到一点时间的价值。例如，只有缴纳相应的视频会员费用，才可以看到更长时间的视频。

在古代，年龄类似正利率下的储蓄，具有增值的功能。因为阅历的累积与经验的沉淀，年龄越大越享有荣耀，越具有稀缺的价值，似乎具有了更多的知识、权威、价值。在武侠小说里，那些绝世武功秘籍也多来自年龄更大的老人，可以把内力这种无形的武力资产在瞬间传输给年轻人，省去了多年苦练的过程，使年轻人轻易地获得战略性资源。

在现代，年龄类似于负利率下的储蓄，具有贬值的风险。因为公共教育的迅速提升，造成年龄越大者受教育程度越低，年龄越小者反而受教育程度越高。而任何一样东西只要贴上过时的标签，就有可能会遭到唾弃。例如过时的衣服、过时的冰箱、过时的想法、过时的传统、过时的道德，而新词汇、新科技、新思维、新事物、标新立异则成为声望的崭新来源。一个可悲的现象在于，有时候你什么都没有做错，只不过是太老了。

任何事物都会在某个时间节点后出现反差。同样是年龄增长，对孩子来说，“长大”是一个值得期待的字眼；对老人来说，“变老”则是不那么美好的词。孩子带来的似乎全是希望，老人带来的似乎只有衰败。在小说《红楼梦》里，地位最高的是年龄最大的贾母。在现代部分家庭里，地位最高的有可能是新出生的幼儿。

时间不会说话，却能够回答所有的问题。其实人生就是一场长达 100 多年的考试，看起来很长，其实并不长。就如同一只蜉蝣活不过一天，鸣虫都没有见过冬天。即使用一天的时间去考试，那也是一个生物体的一生。所有对生物体心智的奖励与不智的惩罚，都需要时间的酝酿。

认知不足者更喜欢用自己的青春去赌。浪费时间者看不到年龄给他们带来了大把的福利，意识不到年龄带给自己的福利会消失。当拥有无限幻想和梦想的青春年少过去时，就已经失去了人生重要的时间财富。付出时间成本、机会成本、颜值成本等各种成本，不断地去试错，然后才知道什么是错的，最后再唱一些感伤的歌“我用青春赌明天”，自怨自艾而自伤自怜。人生真正重要的并不在于用青春去马不停蹄地试错，而在于始终如一地提升自己的认知和本领，把握自己的黄金年龄，不断提高自己的价值。

# 第四章　社会学上的“我”

有人说：“校园是一片净土，别把社会上那些乱七八糟的东西带到校园里来。”有人说：“你现在不好好学习，以后社会会教育你的。”有人说：“学生就应该有学生样，别搞得像社会人似的。”有人说：“必须早一点接触社会，否则以后会吃亏的。”有人说：“别那么早进入社会，好好享受这段时光。”

那么社会是洪水猛兽吗？过早融入社会到底对不对？

社会是由一个个“我”来组成的。社会中的“我”并不是一个纯粹并明确的角色，而是由多种不同的期望、认知共同影响与塑造。“我”包含我期望中的我、我认知中的我、实际中的我、别人期望中的我、别人认知中的我、社会期望中的我、社会认知中的我……举个例子：某个年轻人“期望中的自己”是一个高收入有地位受尊敬的人，“认知中的自己”是一个忠诚正直讲义气的人，“实际中的自己”是一个辍学、黄发、文身、无业者；“父母期望的自己”是好好上学上班的上进者，“父母认知中的自己”是一个偶尔犯错的好孩子；“社会期望的自己”是遵纪守法、自食其力的就业者，“社会认知中的自己”是一个游荡街头的社会边缘人。

## 1. 社会角色

一个自我就是一个身份，一个身份就是一个角色。即使照再多次镜子，也没有人能够确定真实的自己理应是什么样子的。在人生舞台上，人们都在竭尽所能地扮演自己理想中的角色，演绎出自己认为应该表现出的样子。假如一个人能始终如一、坚持不懈地一辈子扮演某个角色，那么这个角色就是真实的。

坚持自己的人设，并且按人设去扮演。在角色的扮演里，人们常常会展示出好的一面，而把不好的一面隐藏起来。很多时候，表演并不是为了展示虚假，只是为了展示以找到更好的自己。只要找到自己想要扮演的角色，并且越演越好，那么就终将成为自己想要成为的人。

把表演融入生命，表演就会成真。你认为自己是什么样的人，不断暗示自己是什么样的人，持续性向外界展示你是什么样的人，你最终就会成为什么样的人。自我暗示的过程，也是和自己缔结契约的过程，自我暗示常会导致思维和行动的改变。所以有些人生玩笑是不可以开的，因为人生剧目彩排的次数多了，无论是表演者还是观看者，都可能会当真。

想象能够扭曲现实，所以美梦也会成真。人们常常在自觉地或者不自觉地扮演角色，而扮演什么角色，就有可能会变成什么角色。理想化自我不是一次创造成型的，是不断地想象、不断地加工而成的。因为你老是想实现它，实现你的理想化自我，于是你给自己制定了很多规矩，你必须不断地努力实现而令角色成真。

不要扮演别人的角色。很多角色令我们倍感吃力，因为那本来是别人的角色。生活中的很多艰难，只是因为你还没有建立自己的角色，一直活在别人的剧本里。而最容易犯的错误就是角色错位。世间的超级英雄总是比我们想象中的还要多，在别人的赛道上是跑不出好成绩的。

人生是一场基于规则的演出。只有掌握规则者才能更好地实现角色的演绎。因为现实盛产遗憾，所以那些美好而坚固的东西常常需要脑补。举个例子：网络小说作者通常在扮演着角色造梦师，用文字为读者营造梦境，而读者将为自己的梦境买单。写剧本的人容易自己活成剧本，看剧本的人容易迷失于剧本。

自我意识与角色之间是循环共生的关系，角色产生自我意识，而自我意识驱动角色。人们在演出自己期待的角色和演出他人期待的角色之间会不断调整，根据观众的反应来调整自己的表情和应对。社会基因能够产生内驱力，能够令成长潜力的信念转化为无须督促的自动前行。社会基因无法用金钱购买，也不能强行灌输，需要通过建立向往之心、效仿之路、扮演之行内化而生。

## 2. 社会价值

社会犹如凛冽寒冬中的一个火炉，维护火炉对每一个身处其间期待抵御严寒的人都有益。维持火炉的燃烧可视为社会责任，向火炉投掷燃料可视为增加社会价值。向火炉投入热量高的燃烧物可视为社会价值丰富者，向火炉投入热量低的燃烧物可视为社会价值贡献者，向火炉投入石头或冰块可视为社会价值缺失者。

不同的人具有不同社会价值，价值永远是地位的稳定来源。街上的人群熙熙攘攘，同样生而为人，但每个人内在的价值千差万别。社会价值丰富者通常会被甄选出来，去承担更多的社会职责。

世间所有的交换都是针对有价值的人。有一点价值的人就比没有价值的人更强，有两点价值的人比具有一点价值的人强。正如同在比拼大小的牌桌上，骰子上的点数决定着胜负的天平。但凡比他人强一点点，被别人看到你不一样的概率就大了很多。

价值在不同的人眼中具有不同的含义。每一个经过计算与选择的决策都是理性的，但这种决策有长有短、有远有近，也可能是有限理性。越严重的外界干扰（不当奖励或惩罚）越会影响人们对事物内在的价值判断，对价值的判断能力决定了人们大部分的决策与选择。

自己实现了目标就会得到价值感。人的价值，在于他本身能创造多少价值。临时的工具与踏脚石是缺乏长久价值的。例如：眼疾者一旦恢复视力，就会扔掉拐杖。价值感的满足和充盈，能帮助人们抵抗对死亡的恐惧。寻求自我和表达自我是自我实现需求，也是获得价值感的一种途径。

## 3. 社会化

为什么有的孩子不想上学、不想长大、不想写作业、不想就业、不想恋爱、不想结婚？为什么有的父母总是要孩子努力学习、掌握技能、择业就业、劝恋催婚？实际上这两个问题是一个问题，就是社会化问题。孩子们在选择拒绝社会化，而父母们希望孩子完成社会化。

什么是社会化？社会化是指个体通过学习掌握社会的种种

规则，继而与社会水乳交融、如鱼得水、游刃有余的过程及结果。实现自己所期待的社会位置，可称为良好社会化；不知晓不理解社会规则继而遭到社会的惩罚，可称为不良社会化；排斥反对拒绝进入社会化进程，可称为拒绝社会化。

社会化能够呈现一个人与社会发生合作的意愿与能力。不良社会化者通常会缺乏合作的能力，拒绝社会化者通常会缺乏合作的意愿。拒绝社会化主要表现为拒绝上学、拒绝长大、拒绝就业、拒绝婚恋、拒绝生育、拒绝承担社会责任。苏格兰有一个关于小飞侠彼得潘的故事：一群拒绝长大的孩子，无忧无虑地生活在幻想国里……这就是一个关于拒绝社会化主题的文学作品。

社会化就是一个人与社会进行良好合作的进程。社会化的本质就是增强自己对所处环境的适应度。社会化完成得不好的人就会与所处环境格格不入，甚至遭到排斥与打击。

一个人成长的过程，就是其社会化的过程。有的人不想社会化，有的人渴慕社会化；有的人过早社会化，有的人过晚社会化；有的人具有社会化的能力，有的人缺乏社会化的能力；有的人社会化过程比较顺利，有的人社会化过程比较坎坷；有的人社会化结果是成功而幸福的，有的人社会化结果是失败而不幸的。

这个世界上，并不存在完全特立独行的人。类似于无敌者寂寞、难觅知音这类情绪，都是因为没有得到社会群体的认可而造成的。再特立独行的人也要有一个小圈子，越不需要大群体认可者就越需要得到小群体的认可。一个完全不需要得到任何群体认可的人是不存在的。举个例子：即使是伯牙也需要子期这样一个知音。人类的满足感必是来自人群，而所有的凡人最终都要入世。

你需要具有积极心理，不抱怨自己的原生家庭，不哀叹没有在出生时拿到一副好牌。不为过去找理由，只为未来找方法。意识到自己的一切都是动态变化成长的，而不是纠结于一时的绝对值。

作为社会的一分子，每个人都是希望很好地融入社会，问题在于融入一个什么样的社会，古惑仔是一个社会，执法者是另一个社会。有些人因为自己出身于低收入阶层，就无限美化自己出身的阶层，不断为自己强化“仗义每多屠狗辈，负心多是读书人”的信念，结果只能是造成自己固化于现在的阶层，还大概率可能世世代代难以实现阶层跃迁。

处于社会化的个体主要处理六种关系，分别为：（1）原生家庭阶段处理和父母的关系；（2）受公共教育阶段处理和学校的关系；（3）事业发展阶段处理和职业的关系；（4）社会交往阶段处理和朋友的关系；（5）核心家庭阶段处理婚恋夫妻关系；（6）生育养育阶段处理和孩子的关系。

社会化就是找到自己的位置所在，并实现相应位置的角色演绎。每个人都要经历社会化成长，社会化成长得好，就会如鱼得水，舒适惬意。社会化完成得不好，就会痛苦不堪、感叹抱怨。智慧的父母会教给孩子如何更好地社会化，把社会的规则和现实教给他，而不是活在童话里。

什么是巨婴？巨婴是指生理上成年而心理上却是个婴儿的人。成年和成熟从来都不是一回事儿。有些人只是在增长生理年龄，而不增长认知年龄，继而成为认知上的婴儿、心智上的未成年人。假如不实现认知的升维，只长年龄不长智，那么长到多大年龄都只是一个巨婴。

婴儿惯用的心理防御手段是“全能控制”。当婴儿大声哭叫的时候，父母就会立刻出现，拿来食物、水，并给予各种关怀，所以婴儿常误认为是自己用哭声创造了食物、水、父母以及世界。他们常常会有一种幻想，想象自己不用付出任何努力就能够轻易地掌控一切继而获得成功。在全能控制防御心理作用下，婴儿获得了自信、自尊和快乐。

婴儿心理并不是成熟心理。在婴儿心智里，并没有耕耘思维，不需要考虑自己付出；没有过程思维，不需要考虑冲奶粉需要几个步骤；没有时间思维，现在立刻马上就要，得不到就继续哭叫；没有长期主义思维，不知道奶粉需要提前买好。婴儿需要长大，长大的婴儿需要心智成长。心智不成长者，就只能在一个成年的躯体里承载着一个婴儿的心智。

长大的巨婴们往往缺乏独立思考的能力，总是依赖别人来解决问题。他们没有意识到，真正的成长需要自己去面对问题、解决问题。他们需要学会独立思考，勇敢面对困难，才能真正地成长和进步。他们往往也缺乏责任感，不想承担责任却想拥有名利。他们不愿意为自己的行为负责，总是找借口推卸责任。这样不仅会让自己失去他人的信任，也会让自己停滞不前，无法成长。

长大的巨婴愿意沉溺在幻想中不愿醒来。他们喜欢自我催眠，自欺欺人，沉溺在自己与他人合力制造的幻象中。他们从不敢面对真实，因为面对真实就是否定了虚弱的自己。他们宁可生活在幻想之中。在幻想中，他们可以得到一切。拒绝长大的巨婴不想融入社会，只想一生扮演一个角色，那个被无限照顾与包容的婴儿。

对巨婴来说，虚假的快乐比真实的痛苦强。在一些关于情感诈骗的新闻里，并不是因为被骗者智商不足，而是因为真实的世界无法满足被骗者对梦幻世界的想象，这个许愿般的幻想只有骗子才能够满足，残存的理智也许会令被骗者知道那些只是谎言。很多时候巨婴并不是被骗，但是为了幻想被满足，而甘心被骗。有一句台词能够说明这种情况：“我希望你能够骗我，让我在梦幻中不再醒来。”

巨婴是一种病态的人格组织表现，将心智固着于早期某个阶段。在巨婴的眼里，其他人都是巨婴。因为自己是一个没长大的孩子，所以他们就常说别人都是孩子。巨婴常会为自己的想象而付出代价，哪怕幻想世界看上去再真实，但是假的就是假的。当巨婴们想通过消费来获得情绪价值的时候，其实也把情绪的掌控权交出去了。长大了的巨婴大概率会变成一个乌托邦患者。他们不愿意承认自己的问题，更没有意志力和行动力去改变。

## 4. 消费

生产利于他人消费，消费利于他人生产。生产与消费都具有社会价值。消费能力与时间通常是消费的主要障碍。

有人认为，昂贵是重要的类群标杆，只有把无能力消费者挡在门外的消费行为，才能显露自己的身份，从而区分类群。高收入人群通常会用特别昂贵挡住中收入人群，中收入人群通常用一般昂贵挡住了低收入人群。低收入人群则诅咒所有的昂贵，认为所有的昂贵都代表着一种罪恶的发生。

消费者定义价值。这是一个消费者决定市场的时代，快感更多来自消费选择以及消费预期。消费者认为什么具有价值，什么就会具有价值，会用手中的金钱来给价值做标注。短期理性者更愿意为情绪付费，长期理性者通常会拒绝为短视买单。

什么是位置消费？位置消费是指为了赢得理想的社会地位而产生的炫耀财富的消费，即愿意为功能相同的商品支付更高的价格来彰显身份的不同。人们消费的不再是商品的使用价值，而是商品的符号价值，以满足自己提升社会地位排序的需求，即要么担心被认为是穷人，要么希望被认为是富人。

非理性消费者是商家宝贵的财富。市场经济的自由性决定了需求在哪里，则产品供应就会在哪里。一般来讲，消费者认知和销售者认知是截然相反的。但顶级的销售智慧就在于能够把消费者变成销售者的同谋，商家们常会利用时间窗口快速地抢占消费者心智。生怕动手晚了，非理性消费者们有可能会流到其他人的饭碗里。很多新商业模式的成功，都依赖于集体降智的土壤。

为什么会存在降智型消费？因为有一些商业消费模式必须依托于他人降智的需求。举个例子：正常的人类智识是不会相信“神仙水”能医治百病的，因为假如这种逻辑是真实的，那么世间就不会存在医院与医生，古人的寿命也不会那么短暂。所以为了实现这种不理性消费行为，“神奇力量”商业模式的践行者必要首先降低消费者的智识，才能够顺畅实现这种商业行为的发生。利润的引导使消费市场逐渐地下移，来满足认知不足者的需求。

## 5. 娱乐

娱乐是一种正常需求，但不能以降智为代价。例如，沉迷于垃圾信息，在低智综艺、隔智小说、伪智鸡汤、降智影视剧、反智短视频里建立认知。很多人都并不真正理解世界，却在降智娱乐中不断损失心智。看了一篇网文就以为自己掌握了相对论，玩了一个网游就以为换成自己指挥能打赢整场战争，看了一部网剧就以为自己可以碾压古人的智商。

注意力具有高度的选择性，关注什么就将得到什么的回报。关注有趣将得到娱乐的回报，关注本质将得到认知的回报。人们常会为爱好买单，为情绪付费，为注意力献出资源。注意力能够给被关注对象赋予价值，关注电视剧的人多了，演员也能成为被追捧的对象。关注游戏的人多了，游戏高手也能获得被尊崇的地位。

降智型网剧是一种常见的娱乐方式，其目的并不是为社会培养高知，而是为了在市场上获得商业利益。越是谋求利益的降智型网剧越是要满足幻想、迎合欲望，以期吸引更多的观众。很多降智型网剧的成功并不是为人们指明了通往真实幸福生活的道路，而是营造了逃避现实、充满梦幻色彩的虚假空间。

商家热衷于打造成瘾性赛道。影视工作者为了增强观众的情绪沉迷，常会采用夸大事实、强化某种情感或制造冲突的方式，利用作弊开挂的套路带来酣畅淋漓的爽感，俗梗笑料的堆砌填补空虚乏味的生活，使人们放逐在短暂的尽兴、无聊的消遣、盛满欲望的杯盘之中。

降智型网剧主要是给非理性消费者等特定人群准备的。因为在影视剧里见得多了，那些高欲望、低理性、爱做梦、不现实的人便常以为这些都是真的。而万千表达非理性的消费力汇集在一起，常能够塑造商业上的奇迹。迎合非理性消费者的网剧会占领市场，塑造非理性消费者的网剧常会创造新市场。

越是在市场上获得巨大成功的降智型网游，其对人类天性的操控与诱导越强、沉迷系数越高。有些父母喜欢说是网游坑了他们的孩子，实际上是他们的孩子主动选择了沉迷系统，更本质地说是家庭教育出了问题。物必先腐而后虫生。孩子是否玩游戏并不是教育成败的关键，而只是一种家庭教育失败的借口。一百年前没有电子游戏也没有手机，但也并不是所有的家庭都教育出了优质的子代。

无法控制低级欲望者，即使不痴迷于网游这种刺激，也会寻找其他刺激，痴迷于其他事物。通俗地讲，并不是网游制造了痴迷低级欲望者，而是痴迷于网游者本就是追逐低级欲望者。

降智型网文也是一种常见的娱乐方式。因为其阅读门槛低、情绪价值拉满、能大量消耗时间，从而受到广泛欢迎，甚至能够走出国门，占领海外市场。降智型网文兴盛的秘密就在于不断制造虚假世界里获得成功的伪逻辑，用结果战败过程、用后见之明去否定认知的演化。

降智型网文常是后见之明的集中展示场。在很多网络穿越小说里，主角大多喜欢到更加落后的地方靠认知上的碾轧去进行降维攻击，使用攀越科技树的方法战胜对手。但是这种科技差异只能带来暂时的优势，因为对方对先进技术的快速学习实践，很快就能消耗尽技术储备的优势，拉平竞争者之间的差距。

在降智型网文里并不存有高效认知。有人靠系统开挂来实现打怪升级的乐趣，有人利用高维作弊来实现征战四方的梦想，有人在战斗修炼里寻觅着可能行进的方向。然而在一个生产拖鞋的工厂，是找不到飞机发动机图纸的。沉醉于虚假目标、缺乏真实目标感、无所适从的悬浮者们，只有面对过去时才能显示自己的聪明与才智，只有面对低维度竞争时才能到达自嗨的顶峰，而在现实里却常是一筹莫展、束手无策。

# 第三部分

## 自己与世界的关系

# 第五章　重新认知父母

人生第一个无能为力的时刻，就是无法选择自己的原生家庭。有些孩子把家当港湾，有些孩子把家当牢笼；有些孩子跟父母亲密无间，有些孩子跟父母疏远淡漠；有些孩子可以在溺爱中放肆，有些孩子却只能在渴求爱的过程中委屈自己；对有些孩子来说，家是人生最后的退路；对有些孩子来说，他们早已经没有家了。

在部分原生家庭里存在着一种双向辜负的亲密关系。有人说："和父母分享快乐，快乐就会消失；向父母倾诉烦恼，烦恼就会加倍。"有人说："如果你想靠近，父母则会拉开距离；如果你想逃离，他们又会拽紧绳子把你拉回来。"认知不足的父母们常在机械地执行传宗接代的任务，然而传递的却是精神障碍和代际创伤。

决定原生家庭形态的首要因素是父母的认知。认知水平高的父母会提供给孩子以家学，在温暖的家庭里心智茁壮成长。认知不足的父母在孩子心里植入焦虑、忐忑、恐惧。当获得家学的孩子开始在事业上突飞猛进时，刚刚逃离"家狱"的孩子还在摸索中前行，独自面对成长时的迷茫无助和痛苦。低认知家庭走出的孩子，常需要用大半生的时间清除少年时代种在脑子里的不智。

在一个双向辜负的原生家庭里，往往上演着诸多的遗憾。虽然受伤不是我们的错，但如何疗愈是我们自己的人生课题。

## 1. 父母

不是所有的父母都是合格的父母。每个孩子都要在原生家庭里接受家庭教育，但父母既可能有合格的，也可能有不合格的。为人父母是一个重要的人生角色，却从没有任何培训教材、考核标准与评价尺度，人们会依据自己的认知、欲望和想象而各自发挥。作为子女，需要辨析父母、理解父母、超越父母。

不是所有的父母都是心智成熟者。他们增长了年龄、沧桑了容颜，但他们在心智成长上可能依然是个巨婴。不是所有父母都一样，阶层不一样、认知不一样，心智成熟度也不一样，不能只看外表年龄。有些父母只是活到了这个年纪，本质上他们并没有比十几岁的时候有多少长进。那些内质为巨婴的少年，终会变成内质为巨婴的父母。

有的父母可能缺乏认知，一直生活在信息茧房之中。他们有可能缺乏成功的经验，或者对成功进行了错误的总结。他们在影视剧里学习“成功秘籍”，在鸡汤文里学习“处世箴言”，在碎片化的信息垃圾里获得“负效认知”，在信息茧房里对自己掌握的“真理”坚信无比。他们通常看不清自己，也看不清世界，意识不到自己的愚昧顽固与见识低下。他们所谓人生经验和智慧总结很可能都是错的。

有的父母自己小时候就不曾被爱过，所以也不会爱别人。在这样的父母成长的过程中，他们可能没有得到过上一代的帮助，也可能是曾经受伤却难以言说的孩子，没有得到过足够的关爱，所以他们也不会如何表达爱自己的孩子。

情感不足的父母常会以己为先。他们会根据自己的心情来对待孩子，明明是自己解决不了问题却朝着儿女撒气，令孩子们在小小年纪就战战兢兢、小心翼翼。因为他们自己根本应付不了很多现实难题但又不愿承认，所以，只能把各种负面情绪像火山爆发一样全都撒在家里人身上。一般来讲，选择窝里横的人并不是不知道自己的社会位置，相反正是因为知道自己的社会位置才会没有底线地选择在窝里横。

认知不足的父母常会操纵控制子女。因为他们能够实现权力掌控欲的地方只能是在家里，所以如同养宠物一般，他们把子女视为天然的下级，喜欢在孩子身上找权威，享受权力与掌控的滋味。事事想做子女的主，总是拿爱孩子的借口控制孩子，希望自己的孩子始终长不大，永远受制于他们。他们会一直强调自己的付出，却从没想过孩子真正需要的是什么。

假如认知水平不够，父母们也无法准确地识别出什么是爱，于是对孩子指手画脚、各种打压和要求。

资源不足的父母常把理想寄托在孩子身上。有些父母在年轻的时候未能积攒财富，他们早早就放弃了自我认知成长，然后把生活的重心、人生的目标全部都押在孩子的身上，期望从子女身上获得超额回报，幻想着子女将来能成为成功人士，然后帮助全家跨越阶层。当孩子未能达成所愿的时候，就会发出哀叹："我们为你付出了一切，为什么你会变成这样？"他们能接受自己的平庸，却无法接受孩子的平庸。

## 2. 慈孝

如何与父母相处？大致有四种形式可供参考。分别为：远离那些无知无爱的父母；原谅那些有知但无爱的父母；善待那些无知但有爱的父母；感谢那些有知有爱的父母。

年轻的生命要指向未来的生长，离黑暗越远就是离光明越近。主动断绝那些对不幸的传递，勇敢地向相反方向去。《颜氏家训·治家篇》写道："父不慈则子不孝，兄不友则弟不恭，夫不义则妇不顺矣。"《封神演义》则写道："君不正，臣投外国；父不正，子必参商。"《清·平山堂话本·张子房慕道记》写道："君不正，臣投外国；父不正，子奔他乡。"

（1）远离无知无爱型父母。这类父母会把错误当成正确，把正确当作敌人。喜欢故步自封、高谈阔论、乱指挥，不愿意与时俱进、终身学习。把自己道听途说、自以为是的理论套在子女头上，用无知与不智干扰子女的人生，还美其名曰"我这都是为了你好"。哪怕他们认知不足、心智匮乏、一生毫无成就，也会偏执地认为自己是对的。

无知无爱型父母热衷于把自己的压力转移给孩子。他们自身缺乏值得骄傲的资本，却将自己的问题归咎于孩子，似乎总觉得孩子的表现让他们没面子。他们并不知道如何解决困境，却期望孩子能够带他们走出困境，把满足自己需求的责任推给了自己的孩子。他们要求孩子取得好成绩，要求孩子从事某些工作。但是他们自己都不知道要怎样达成这些目标，也不会帮助孩子解决过程中遇到的问题，自然也不可能为孩子积攒试错的资本。

作为子女，不要去试图改变无知无爱型父母。假如他们的出发点就是自私不智的，你怎么做都不可能满足他们的贪欲。很多成年子女身上普遍存在着改变者情结，有强烈的意愿想要改变父母。但结果是这种出于好心的“反哺之爱”会将彼此推向更痛苦的深渊，陷入一种无限的恶性循环之中。比较好的方式，就是尊重他们的选择，不去试图改变他们。

通俗地讲，他们只能生活在与自己认知相符的生活里。同样，你也将是如此。假如你仍然不能提升认知，在负效认知的泥潭中翻滚，那么你也将继续重复那些悲伤的故事。不要在干涉父母的过程中，折断了自己的翅膀，埋葬了自己的幸福。

在这个世界上，并没有什么中国式父母或者中国式儿女。每一代父母或者每一代儿女并不一样。你真正需要的是改变你自己所处的类群，当你改变类群之后，就会看到在一个幸福家庭里，父母是怎样和孩子交流的，又是怎样运筹帷幄托举孩子的。

作为子女，不要去说服无知无爱型父母，因为他们已经形成了思想壁垒。不坚持终身学习的人，基本上是没有什么认知进步可言的。这种类型的父母很可能在他们青年的时候基本上就停止了认知进化，只是依靠各种经验延续着以后的人生。如果父母有错，你不必去指责他们的错误，每一种认知都有适合本种认知的生存方式，你的指责会让他们觉得那是嫌弃，等于否定他们自己一生认为正确的东西。因为那是他们的人生，他们是有自主意识的成年人，他们该对自己的行为负责。你能做的，就是终结不智思维的传递。

作为子女，你真正需要的是救赎自己。父母不是你的责任，你自己才是。不必插手父母的人生课题，我们有自己的人生课题。

你唯一能拯救的就是自己、配偶和你的孩子。将来以身作则保证自己能成为一个通情达理、善解人意、情绪稳定的父母。没有被爱过的人，也是可以知道如何爱别人的。

（2）原谅那些有知但无爱的父母。他们毕竟没有用错误的认知来坑害你，他们只是彼此无爱或者不爱你而已。假如缺乏来自父母的爱，那么你更应该自己爱自己，而不是不断地寻求父母的关注、接纳和认可，为内心未被满足的需求而偏执。强者的人生只能是自愈，唯有悲喜自渡。

作为子女，不要介入有知无爱型父母之间的恩怨。你的父亲可能会指责你的母亲，你的母亲可能会抱怨你的父亲。你可能会身处其间、不断情感代入而痛苦不堪。或者听信了父亲的话，认为一切都是母亲的错。或者听信了母亲的话，认为一切都是父亲的错。你要明白，配偶的意思就是互相匹配的伴侣，而不是平均分配的伴侣。在自由选择的社会中，你的父亲和母亲之间是互相匹配的关系，他们都配得上自己所遭遇的婚姻状况。

作为子女，不要去干涉有知无爱型父母。一般来讲，女儿更容易与母亲共情，在对不幸境遇的指责、抱怨中反复纠缠，继而陷入情绪深渊。实际上，你的父母都是具有独立认知的行为主体，他们的人生道路都是由他们自己的认知与选择决定的。每个人都有自己的痛苦要自己去背负，每个人都有自己的人生需要自己去体验，每个人都有自己的课题需要自己去学习。他们有权力选择自己的人生，而不需要你的救赎。你不需要为父母的痛苦、认知和情绪买单，他们完全可以为自己买单。

作为子女，你不需要产生负罪感。尊重父母的命运，过好自己的人生。学会尊重父母的命运，也学会放过自己。每个人都应该为自己的生活负全责。父母的身上也有属于他们的创伤，比如物质上的穷困、学识上的匮乏以及爱的贫瘠。这些是你未曾参与过的，也不是由你造成的。父母有父母的自尊，不希望被孩子击碎，不要剥夺父母的力量感。

作为子女，不要与父母的位置错位。什么是亲职化？亲职化就是指孩子承担一部分父母的责任，而父母在一定程度退行为孩子。孩子承担的责任主要有两种，一种是情绪上的，孩子被迫成为父母调节情绪的工具，承担父母的负面情绪发泄。另一种是物质上的，孩子早早承担了养家糊口的责任。当一个家庭功能失调的时候，孩子过度卷入并不能拯救这个家庭。

作为子女，你要学会善待自己。当你还是个弱小的孩童时，父母是我们安全感的重要来源，所以在遭受不好的对待时，只能自己去调节情绪、面对困难，或者说是承受伤害。你能做的就是摒弃一切外部干扰因素，不顾一切地成长自我。不要为了让父母满意去打压自己，收缩自己。别人的人生不在你的可控范围内。

（3）善待那些无知但有爱的父母。无须指责父母，谁都不是完人。他们也是人类，他们也会犯错。他们都有时代的烙印、性格的局限、认知的不足。他们给你的爱，肯定是他们所能给你的最大的爱。他们并不是不爱你，只是不知道教你怎样走出贫穷。

作为子女，不要去抱怨父母。因为只有你是你自己的主宰，其他都只是你存在的环境。你是有选择的，在暗夜里独自徘徊，无数次的自我怀疑与反问，常感受到挣扎与无力。但是这些都不是把责任推给父母的借口与理由，因为你可以改变自己。不因为父母的指责、否定就丧失信心，也不因为他们的情绪而内耗自己。你不可以把所有在条件上的缺失、在资源上的不足、在竞争中的失败、在结果上的不如意，都统统归罪于来自父母、家庭、他人、社会的恶意。

作为子女，要学会勇敢前行。在代际链中总要有某一代人需要承受苦难、努力奋斗，如果父母这一代没能做到，那么你就需要接过这个重担。父母犯过的错误，你就不要再犯了。父母走错的道路，你就不要再走了。如果不寻求自我成长，你大概率以后也会成为这样的父母，从而循环往复地影响你的下一代。

我们生而为人，有很多社会角色需要扮演。幸福的原生家庭和你有关系，可化作你的家庭资本。不幸的原生家庭和你没关系，你需要自己构建幸福。任何的改变都是要建立在清晰自我意识之上的，放下过去的伤痛，重要的是你现在选择成为什么样的人。

（4）感谢那些有知有爱型父母。有知有爱有责任的父母常会言传身教、以身作则，给孩子一个温暖安宁的家，正确引导陪伴孩子，让孩子成为自学自信自律自省自驱者。拥有这样的父母是一种人间的幸运。作为子女，不要无限依赖父母，要建立起属于自己的价值体系，成为更强大的自己。

## 3. 亲戚

有人说，葬礼的意义，就是将那些从来不往来的亲戚聚在一起，维持慢慢变得稀薄的感情和血脉。有人说，亲戚关系从来都不是人脉，我们这里亲戚彼此不帮忙的，都是捧高踩低的。有人说，我就是被亲戚坑的，不是卖保险就是做传销，最困难的时候还被几个亲戚落井下石了。有人说，亲戚都是来让你帮忙的，帮忙也是白帮，倒贴他还觉得是应该的。

以上这些言论是为什么呢？这是因为只有符合信任网络的家族关系才是真正的家族关系，只有符合信任网络的亲人才是真正的亲人，否则只是具有血缘关系的“熟悉的陌生人”。在有传承的家庭里，亲戚是助力。在没有传承的家庭里，亲戚是阻力。具有相同价值观的亲戚与家族将互信互助互进，具有不同价值观的亲戚与家族将互算互伤并渐行渐远。

家族的目的是形成合力、抵御风险、共同前进。家族需要认同，认同才能齐心，齐心才能合力。家族需要榜样，用模范榜样来引领大家的行为。家族需要聚会，用仪式感来强化彼此的凝聚力。家族需要奉献，在必要时甚至需要个体的牺牲。家族需要传承，认知传承要比财富传承更重要。

身心居所谓之家，血脉相连谓之族。在古代的王朝争霸战中，那些小说演义里常会突出描述获胜者的个人品质，例如：足智多谋、勇冠三军。实际上，优异的个人品质只是胜出的一个要素，很多杰出者的背后大多隐藏的是家族的付出、亲族的合作、戚族的帮助。

《左传》里讲：“国之大事，在祀与戎。”祭祀拥有极高的地位，这是因为共同的祖先信仰会令群体内部更加团结，从而不断衍化出无穷的力量。在古代王朝争霸战中，战胜一方都要毁掉战败一方的宗庙，重新建立自己的祭祀系统。打破对方的凝聚力、向心力，毁掉其精神信仰。这也是团队之战的核心精髓，打破对方的互信网络，建设自己的互信网络。

在现代，太多的年轻人离开家乡涌入大城市，远离了原有的家庭与家族，在新的环境里建立了以社区为核心的由陌生人组成的新群体，并在新群体里逐渐找到了自己的新角色，开展了新的行为模式、道德准则。

代际传承是一项重大而长期的集体性事业，是一个连续的群体性诉求，极难由一个人来完成，也很难仅由一代人来完成。但拥有代际传承的家庭终将会卷土重来，缺乏代际传承的家庭只能够一时煊赫。

## 4. 代际链

当人类把猴子关进动物园的时候，猴子觉得不公平。只不过在亿万年之前，当人类祖先决定从树上来到陆地的时候，猴子的祖先拒绝了，它们选择了生活在树上的安逸与安全。当人类把猩猩关进动物园的时候，猩猩觉得不公平，只不过在亿万年之前，当人类的祖先选择进化自己大脑的时候，猩猩的祖先拒绝了，它们拒绝进化大脑而选择进化自己的四肢。

什么是代际链？代际链是指生物体一代一代的基因复制、演化、变异所形成链式传递的代际关系。每一个生物体都会受到代际链上其祖先的影响，祖先的每一个演化分歧都会给后代带来一定的影响。

代际链竞争是自然规律的一部分。代际链竞争是生物体演化变异的客观环境，每一个人都是代际链竞争的幸运者。基因传承使我们在出生之时就拥有人类的特征，拥有超强的大脑构造、灵活的双手操控、双足直立行走的体能优势。

个体间的竞争从来都不是发生在一代人之间。幸福的生活大多源于几代人持续不断的努力，人生之争是一场代际链竞争。有些父母喜欢对孩子说：“爸妈这辈子完了，这个家庭就靠你了。”

他们不明白的是，代际链上的每一个人都要参与竞争，都要在代际链中贡献自己的价值。在漫长的代际链竞争中，每一代的每一个人都要贡献自己的力量，一个优秀富裕家族的兴旺，并不是靠一代人单打独斗奋斗而来的，而是要靠一代一代向上托举，几代人不断地共同持续努力和积累才得来的。“一家幸福三代拼，重担莫压一代人。祖上不思多铺路，后辈儿孙累断魂。”

有人说：“大城市竞争太激烈了，我要回老家，老家多么安逸啊。”留下者和回归者的子代，从此就会站在不同的起跑线前。每一代人的成长，都是站在上一代人的肩膀之上的。

## 5. 奋进

你不应该放弃自己。无论你所处的环境有多么不堪，你的原生家庭有多么不幸，都不应该成为你放弃的理由，你永远不要忘记自己在原初形态时坚韧的品性、执着的灵魂、不屈的意志。你都不应放弃把自己变得更好的权利。对于不智无爱的父母，你需要反其道而行之，努力地去变异自己，直到把自己变异为一个不同于不智无爱父母的新物种。

你要为自己的人生负责，而不是一直怨恨父母。父母是生命的来处，但未必是财富的提款机、幸福的救济站、情感的避风港。不能活到 80 岁还觉得父母应该天天把奶瓶送到你的婴儿床上。原生家庭对人的影响不是无限的，种种对于原生家庭的归因，只是自己懒于思考、惰于进化的借口而已。反驳父母是可以的，但需要用实力来反驳，而不是用抱怨来反驳。要用价值与成就来证明，而不是用放弃自己来证明。

你需要的是重新奋进。不纠缠于过往，不困顿于现状。看清现实、承认现实、改变现实。真正的崇高是一种刻在骨头上的信仰，不因外界的质疑、鄙夷、追捧、赞赏而更改。穷不怪父，孝不攀兄，苦不责妻，气不骂子。不自暴自弃，不责备原生家庭，学会强大自己，一点点为自己疗愈，成为自己的心灵导师，疗愈自己亦能疗愈整个宇宙。

个体走向卓越有四条道路：传承、资源、天赋、奋进。假如父代是卓越的，那么你可以拥有传承；假如父代是富有的，那么你可以拥有资源；假如在出生时获得优秀的遗传基因，那么你可以拥有天赋。但是，假如你没传承、没资源、没天赋，但还依然想拥有一个灿烂的人生，那就只能期待自己的奋进了。

传承主要是由父代决定并实施的。天赋主要由基因决定，对孩子来讲，无法决定自己的天赋是优秀的还是不优秀的。奋斗进取则是由自己决定的，向上而行是一种伟大的认知变异。有人说："三十年河东，三十年河西。"不过这话是对奋进者说的，拒绝上进者一直都在河东。

奋进是一条艰难的路，意味着自我的革新、认知的升维、类群的转变，意味着你需要凤凰涅槃、浴火重生、脱胎换骨、改天逆命；意味着你需要具有和父代不同的甚至是完全相反的类群意识、类群思维、类群特征、类群行为。

每一代人都要重新界定自己的身份。原生家庭会给你一个身份，一个依据父母所取得成就而映射来的身份，但这个身份并不是你的。人类的进化不仅取决于祖先的基因，也源于自己的选择。

# 第六章　重新认知学校

有人说："小时候听父母讲童话，觉得自己就是童话里的王子公主，即将开启主角的一生；初中时候忽然意识到每一个孩子都是父母眼中的王子与公主，这世界上并非只有自己一个主角，还有很多主角；高中以后才发现比自己考试成绩高的人太多了，自己的成绩只是处在中上游，可能这一生当不上主角只能当个配角了；到了大学才明白是自己太狭隘了，自己根本达不到中上游，而且优秀也并不完全是靠考试分数展现的，自己能当上有几句台词的特约演员就不错了；毕业的时候才发现很多人还有家族的帮助，开局即王者，而自己却是青铜，只能当个群众演员；工作以后才发现自己不仅是青铜，还是青铜中的萌新，即使当个群众演员都要把握机会才可以。"

他为什么这样说？他说得对吗？

校园是一个重要的成长环境以及人生历程。如果从幼儿园算起到获得博士学位，人们大约要在校园里度过 20 多年的时光，这实在是一个漫长的时间。长时间的校园生活令部分人群不愿意进入社会，他们倾向于把学校描述为与世隔绝的桃花源、纯真的象牙塔，把社会想象为混乱不堪的染色缸、消灭纯真的粉碎机，会下意识地不断选择拖延自己进入社会的时间。他们只有在校园世界里生活似乎才能感到安全，因为校园里关系简单，也不需要具有更高深的其他能力。

大学并不是人生的目的地，如何过好这一生才是。校园与社会并不是对立的、割裂的，校园本就是社会组成的一部分。大学是融入社会的分流器，承担着社会预备役职责；大学是职前的培训场，重要的是要培养出终身学习者。

## 1. 上学

上学所学习的是同质化知识，全国孩子学习的内容基本上都是一样的，不可以低于考纲的标准，按照考纲进行教学；而每个孩子会读不同的书，吸收不同的知识、拥有不同的思维模式、滋生不同的价值取向、走向不同的认知维度、拥有不同的心智。

上学所学到的知识更利于彼此趋同，学习相同的内容、执行相同的规定、认同相同的理念、掌握相同的答案、进行相同的考核、熟悉相同的校园梗等；读书所学到的知识更利于差异化成长，做出不同的决策与行为、选择不同的职业道路、制定不同的人生规划、使用不同的处世原则等。

上学的时间是有年限的，大多数人们不可能一辈子都去上学，都待在校园之中；而读书的时间是没有年限的，只要处在生命周期内，人们可以一直读书、终身学习。

## 2. 考试

考试内容并不是知识的全部。考试内容会随着时代的变迁、出题人的更换而经常变动。不同的出题人会决定不同的考试内容，出题者则拥有答案的最终解释权。

高考是一场以选拔为核心的考试，首要任务是有一个明确的区分度，赋予那些被高考划分等级的学生能够进入什么等级的大学受教育的权利。在这个阶段，对应试知识的学习与考核，只是打开学历职业身份大门的准入证、敲门砖。

考试能力是一种筛选资格。选择大学与专业更多体现的是对职业方向的选择。学习考试内容、掌握考试技巧、熟练考试刷题并且通过考试审核标准者，可以被筛选去更为优质的大学，通常能够带来“鲤鱼跃龙门”的效果。考试通过则利于就业，考试成功则利于提升职业收入。

考试能力并不是人生的核心能力。有些人的应试能力很强，因为试卷上的每一道题都有一个解题思路，都对应着一个唯一正确的答案。但在现实中每一个人生场景都会有无数的选择与应对，每一个人生选择背后都有无数的利益纠葛、得失衡量，并没有一个唯一正确的答案可供参考。在考试卷上，答案常是唯一的。而在人生中，答案并不是唯一的。人生的核心能力是实现幸福的能力。

考试成绩不是获取幸福的前提。考试成绩从来都不代表优秀的程度。世间并没有某种专门的考试来审核一个人拥有幸福的资格，而只会通过幸福的实现与否来展示奖励或惩罚。社会和生活才是最终的评卷人，世间并没有一个人是因为考试成绩好而注定获得幸福的。在考试中胜出与在生活中幸福，是两套逻辑。

对于终身学习者来讲，每一次考试成绩都是暂时的。因为对人生的考试从来不会中断，也不会仅仅以高考的形式出现。

## 3. 学历

现代的研究生教育肇始于西方，并不是中国古代科举制的翻版。西方国家的博士学位通常有两种，一种是学术博士（哲学博士），另一种是专业博士。学术博士代表着学术水平，专业博士代表着受教育年限。

以美国为例，学术博士的获得相对较难。举个例子：美国历届总统中只有一人是哲学博士，即第 28 任总统伍德罗•威尔逊。而专业博士的获得相对容易，因为美国的博士学位授予权掌握在学校手里，并不通过国家机构。直白地讲，美国各个大学即可拥有本校博士学位的资格制定权、审核通过权、学位授予权、修改取消权以及最终解释权。现代西方教育并不是学而优则仕，而是对学术研究领域的选拔与考核。

学历是否有用？学历对向上而行的人有很大作用，能够令他们如虎添翼、加速前行；学历对向庸而行的人有一些作用，能够令他们安身立命、衣食无忧；学历对向下而行的人基本上是没用的，因为他们除了学历，其他优点一无所有，缺乏毅力、恒心、自强、自立、自省、自驱等品质，通常会在得到学历文凭以后再度回归原点。

有人问：“为什么大学毕业后找不到工作？”因为工作主要和一个人的认知与能力有关，而和他学习的时间与空间无关。直白地讲，工作和学习的结果有关，和学习的过程无关。有一些学历证书只是证明了一个人曾经在某个时间与空间学习过，而无法准确证明其获得了认知与能力。

知名大学的学历证书通常具有品牌背书功能。能够为学生提供权威性认证（例如名校声誉）、排他性资格（例如有些企业只招收“双一流”学生）、专有通道（例如行业性的校企对接以及校友企业专聘）、社群功能（例如校友资源以及对遇困校友的定向援助）。非知名大学的学历证书则通常只能证明学习的时间与空间。

在成熟的社会环境下，学历会被天然祛魅。吃过学历红利的父母们通常对学历有着浓重的情结，他们一生都在鞭策自己的孩子追求学历。而一个大国逐渐走向发达，高学历必然会逐步地平庸化、大众化。虽然接受高等教育的人在逐渐普及化，但也会提升整体国民素质。

要逐渐改变旧有观念，追求受教育年限而不是学历。越是开放的世界，越会以能力作为评判的依据，而不是一纸证书。近些年每年都有大量大学毕业生待业家中，学历回报率继续走低令一些家长们逐渐清醒，开始从学历证书赛道转向认知与能力赛道。

## 4. 学习

为什么要学习？因为世间所有能通过学习得到的经验教训，都没有必要亲自去经历一遍。

为什么要终身学习？因为不坚持终身学习者就是价值持续流失者。再超卓的智者也经不起几十年不学习，再巨大的金山也经不起每天一吨黄金的流失。当年龄红利、颜值红利、知识红利用尽的瞬间，就是他们的人生向下而行的时刻，这个价值流失转折点通常会出现在中年。

不坚持终身学习的人，将会成为认知上的贫穷者。不终身学习者也会在高考前学习语文、数学、物理、化学等各类知识，但只是把这种学习当作实现职业身份改变的工具，一旦实现某种世俗目标（如职业、地位、财富），就会把学习扔进垃圾桶。一个人生理上的衰老是从长出皱纹开始的，一个人认知上的衰老是从拒绝学习开始的。不坚持终身学习信念的所谓成功者，终有一天将会落伍。

学习与不学习会使智者愈智，愚者愈愚。是否持续学习，三天看不到明显差距，三个月后讲话做事会完全不同，半年后朋友之间也会没有共同话题，三年后人生就会彻底拉开差距。学习的深度越深、学习的内容越多，就越拉大了人类之间的认知差距。学习是人类进步的阶梯。终身学习利于一生成长。

一个人怎样才能从竞争中脱颖而出？以一种成长型思维的心态成为终身学习者，实现认知升级。欲戴皇冠，先承其重。欲改变生活，先变思维。持续不断输入新的能量和知识才会永葆活力，多学习自己不会的东西才会拥有更多可能性。学习会使你永远立于不败之地。

为什么有些人宁愿吃尽生活的苦，也不愿接受学习的苦？因为生活的苦可以被疲劳所麻痹、被娱乐所转移，也能够被自欺的借口钝化。而学习的苦则在于要保持清醒的认知、坚持不懈的自律，持续地被自驱的意识锐化。也就是说，学习的苦常需要自己克服惰性、主动迎上。

学习到底要学什么？讲个故事：有一个小学毕业进入社会者，漂泊辗转，人到中年，生活困顿，人生无望，某一天痛下决心决定改变自己开始学习，然后去书店买了一套中学生全科教材。你猜他会成功吗？为什么有人很努力学习也不成功？原因在于要么是学错了内容，要么是选错了赛道。

## 5. 思考

智慧的生活离不开思考。思考是通过知识、经验以及阅历积累沉淀下来的。认知不会从天上掉下来，只能从学习、实践与思考中建立。学而不思则罔，思而不学则殆。学习任何知识，必要提炼、总结、应用、思考、实践、反馈，否则就不会化作认知、形成心智、变成能力。

思考有什么用？思考能够增加一个人的思维高度，打破惯常认知，纠正直觉判断，提高观念水位，拓展认知半径。一个人越想提升自己的价值，则越需要独立思考能力。假如把人生视为一款游戏，那么拥有独立思考能力者可视为是游戏的玩家，缺乏独立思考能力者只能是游戏中的 NPC。

不思考有什么坏处？当你的独立学习与思考能力被剥夺，你关于世界的认知都将由他人随意定义，有可能会无视真假是非、对错曲直，会对显而易见的事情无动于衷，对不少现象加入自己的幻觉。对某些事、某些现象、某些理念和某些人会产生盲信盲从的心理。对必然发生的危机心存侥幸。放弃了思考和分辨的能力，苦难也由此而来。缺乏独立思考者所做的每一个选择与决策，都有极高的概率是错误的。一个人的最大危险就是拒绝思考，走进不智的泥沼；海量信息制造人们的思考惰性，缺少独立思考与基本的逻辑判断能力。

为什么有人不喜欢思考？因为思考会让人感觉累和辛苦，人们都有意无意地在逃避思考和用脑。能玩手机，大多数人就不愿意去读书。能打麻将，大家就不愿意下棋。所以任何需要独立思考的事情，都会让价值缺失者们觉得艰难、疲累和负担。

为什么有些不思考者也能活得很好？因为人类世界有许多重复性的、程式化的工作，不需要复杂的逻辑思考或决策判断。不懂得独立思考的人最容易被骗。因为他们喜欢凭经验做事，无法理解社会运行的规律与真相。

有些人喜欢用故事来代替思考。缺乏思考者极难识别意义，通常只能理解故事，而且故事越简单越好。故事抚慰人生，但很难改变人生。喜欢在道听途说的故事野史中建立思考框架者，通常具有严重的认知障碍。

有些人喜欢用经验代替思考。他们常用个体实践积累的经验来解读理论，相符合的就选择相信，不相符合的就选择不相信，更倾向于用丰富的不智经验来解读世界。遇到事情，他们往往并不是在思考，而是在记忆库里检索寻找“别人是怎么做的”“自己曾经是怎么做的”，总是倾向于走在别人的后边，喜欢总结别人的成功经验，常沉溺在经验与技巧之中。

有些人喜欢用情绪代替思考。认知不足者通常会选择活在自己的世界里，看待事情喜欢从固有的片面性立场与当下强烈的感官感受出发，依据自己的情感和情绪来判断，缺少逻辑、理性和社会规则的深度思考，认为自己都是对的，遇到不合自己心意的事情总觉得自己委屈，却从不会认真思考前因后果，继而自我反省、自我觉悟。

# 第七章　重新认知读书

有些人无法深刻认识读书的重要性，即使他们在飞机商务舱里遇到的乘客都在读书看报，他们也会觉得那是因为商务舱的环境氛围使人们读书看报，而不是因为读书看报者更有可能会坐进商务舱。在国外，那些选择零元购的人无论多么失去理性，他们也从来都不会把目标定在书店。基本上我们不会看到这样的新闻，说某个大型书店被零元购者劫掠一空。这并不是因为书店有着什么充满魔力的魔法护盾，而是因为喜欢走进书店者，极难成为零元购群体中的一员。

## 1. 读书作用

读书的人和不读书的人会生活在两个世界。读书者的认知常来自全世界的智者，不读书者的认知常来自他的朋友圈。读书者与不读书者将在人生岔路口异向而行，越行越远，渐渐而至再无交集。即使他们出自同一个种族、同一个地域甚至同一个家庭，也将会因认知的差异而咫尺天涯。

读书是不断上升人士的标配。有人说："世界那么大，唯有读书可抵达。"对停止上升的人而言，读书是一种伪装的类群模仿，有其形而无其里。读书是向上而行者的主要特征、重要标识，是身份实现的孵化池，是打开人生幸福大门的永磁卡、万能钥匙。

读书是成长的必经之路。向上而行的理念大多要从书籍中学到。现实中所有难以企及的目标、高于生活的理想都要通过读书而提升素质本领，通过努力去促成实现。越是在一无所有的时候，越需要读书。读万卷书，行万里路。一路不到一路迷，十书不读九不知。一切时代的精华，尽在书中。读书能够学习世间的道理、看清人生的真相、理解万物的本质。

只有不断提升认知、改善思维、强化思考，才能具备创造物质财富的本领，才能拥有更多的幸福。

任何学习方式，都无法取代读文字之书。有人说：“我不喜欢读以文字为呈现形式的书，我喜欢听以音频为表现形式的书，看以图片、视频为表现形式的书。”音频、图片、视频会令人们获取知识更加便利、高效，但新媒介每重新生产一次，就会令以文字呈现的价值损耗一个量级。

有些人不喜欢读文字之书，更喜欢沉迷视频，是因为可以在不需要任何认知努力的情况下，获得较大程度的享受。阅读需要集中精力调动思维，看视频则不需要调动更高的认知能力，基本上是一件无须动脑的事情。

唯有读书能够改变命运。很多人在面对高档消费品的时候往往愿意投入重金，一掷千金面不改色，买书的时候则常会锱铢必较、心痛不已。在价格上，一部高档手机大约能够买几百本书，一部高档汽车大约能够买几万本书。可以确定的是，阅读一万本高智之书足以改写一个人的命运。

读书，是世界上门槛最低的高贵。能够提升自我的大多伴有高消费，只有读书是低消费的自我提升方法。物质与消费并不会改写人生，只是改写人生后的呈现。投资自己的最佳方式，就是多读书、读好书、一直读书。不肯花钱买书者并不是因为书籍的价格有多么高，而是因为他们不肯为提升自己的认知而付费。更确切地说，他们并不认为高效认知是人生的顶级财富。

你阅读的每一本书，都在潜移默化中影响你的思维，改变你的人生方向。读书，就是让自己视野变得更辽阔的过程。喜欢读书本身就是认知升维求知力的体现。

不读书的人一旦离开了学校，就等于停止了新知识的输入。同事间的微言片语、朋友间的道听途说、鸡汤文里的处世箴言、自媒体里的故事大全、短视频里的人性揭秘、影视剧里的成功经验、私享会里的伪智总结、微信群里的心得技巧以及手机里的数据噪声，也许会造成不断学习、不断前进以及自己博学多识的假象，但不会真正带来认知的升维。令自己永远没有内在的积累，没有自己看事物的整体眼光，成为碎片状态的一个人。

不读书的人有可能会一生都活在信息茧房里。手机里具有推荐算法的 App 会令每个人所看到的内容都不一样，喜欢摄影者会看到大量关于摄影资讯的推荐，喜欢体育者会看到大量关于体育资讯的推荐。喜欢看恐怖电影者会看到大量的恐怖电影资讯，喜欢看喜剧电影者会看到大量喜剧电影资讯……久而久之，每个人都只能看见符合自己偏好的资讯，而对于那些不符合自己偏好的资讯，他们有可能一生都看不到。

处于信息茧房里的人无从看见茧房外的世界。对身处信息茧房中的人来讲，向上而行的路是不存在的，因为信息平台就不曾推荐给他们看。

信息茧房是为向下而行者专门设计的自我催眠仪。有人问："为什么会存在信息茧房？为什么不消灭信息茧房？"因为信息茧房是顺应人们的需求而产生的，社会上存在着大量的、持续的对信息茧房的迫切需求。心灵脆弱的人不想看到真相，尤其是不符合自己意愿的真相。懒惰的人不想看到勤奋致富的新闻，拒绝读书的人不喜欢看到智识致富的资讯，不愿经营婚姻的人不想看到婚姻幸福的案例，放弃养育孩子的人不想看到家庭和睦的信息……为了满足这些闭目封耳、断感绝识的需求，具有大数据信息筛选、隔绝、分发、投递功能的信息茧房应需而生。

不读书的人有可能一生都被无知与不智惩罚。在现实中，经常有人会在失去婚姻、失去工作、失去金钱、失去健康、失去孩子的爱之后说："我不懂啊！""我不知道啊！""当年没人告诉我啊！""我怎么没想到啊！""我现在后悔啊！""我当年怎么不努力呀！""我为什么当年没看出来呀！"他们也许仍会认为自己是被无情的命运捉弄，但实际上他们只是在为自己的无知与不智买单。

## 2. 读书建议

笔者给出的读书建议大致有六种，分别为：（1）思考大于结论；（2）不沉迷于童话；（3）不迷信畅销书；（4）要读原著；（5）读翻译的书要读优质版本；（6）不断提升自己的阅读能力。

（1）思考的意义远大于结论。有人选择在读书过程中提升思维的质量，有人选择读这本书所总结出来的一句话，热衷于寻找某个简单的结论。有些人貌似在读书与思考，其实只是在复述别人的结论。未经思考就得到的结论，其质量堪忧。那些简单的结论很难带我们走多远，常表现为懂得很多道理，但就是过不好生活。追逐某个简单结论的阅读，无异于买椟还珠、舍本逐末。举个例子：有个人向朋友推荐一本高效之书，朋友却说："我没时间看，我也看不懂，你就直接告诉我这本书讲了什么吧。"

读书目的在于掌握思考的方法，而不是掌握答案。不是把储存的水桶装满，而是要把智慧的灯点亮。提升认知并不取决于问题的答案，而在于思考问题的过程。因为很多问题没有答案，也没有终点。

读书能够令你看到流泪和悲伤，思考却能令你看到那些不能流泪的悲伤；读书能够令你知道离别和生死，思考却能令你知道那些无法离别的生死。读书并不是目标，而是手段。

无法促进思考的阅读，只会把脑子越养越懒。有些孩子看似在读书，实际上只是在翻书。把故事情节在大脑里波澜不惊地转一圈，那些需要通过看漫画和编段子才能学得进知识的孩子，学到的全是碎片，并不能促进心智的提升。

（2）年幼的孩子大多喜欢读童话，但不可一直沉迷于童话。当下童书占据了图书市场极大的比重。为了适合孩子阅读，童书的内容大多是故事与童话，甚至大多采用图文并茂形式来降低阅读难度。这样的书好处是降低阅读门槛、激发阅读兴趣，但是不可长期阅读，必须随着心智的增长而更换阅读内容。

（3）畅销并不能证明书籍的质量。因为越是具有思想性的书籍，其阅读门槛越高，需要读者具有一定的鉴别能力。而能被大众所喜欢的作品必定是比较通俗的，通俗读物对于阅读能力不足者是友好的，但未必能够成为人生的指路明灯。有些书被视为基础知识的普及读物则很好，被视为知识上限则不好。

有的畅销书是迎合了某种情绪。很多畅销书其实只是在贩卖焦虑、挑动对立、发泄不满、寻找借口、制造梦境或是迎合阴谋论，目标则是娱乐至死，引发更多人的注意力和情绪共鸣，成为一门成功的生意。

（5）为什么要读原著？青少版的《水浒传》和原著版的《水浒传》，可以被视为是完全不同的两本书。所以，那些读过《水浒传》连环画、看过《水浒传》电视剧，而没有读过《水浒传》原著的人，其实并不真的知道《水浒传》，他们只是以为自己知道而已。他们对小说的理解、故事的解读、人物的分析有可能全都是错的。

读原著的目的是认知提升、解决问题、指导人生。有人说："我小时候都已经看过《水浒传》漫画了，已经知道里边的故事了，为什么还要读原著呢？这不是浪费时间吗？"读《水浒传》漫画的主要作用是娱乐，只是知道一个曲折离奇的故事，而在这个故事中有可能得到的认知并不准确，起不到提升认知、指导人生的作用。

那些被改编了的原著，常会阉割了作者的思想。正如同不能通过太监的身体去了解一个男性的生理构造，有的书被做成简本、洁本，总而言之不是原来的面貌。举个例子：小学语文老师会推荐学生在课外阅读四大名著，但并不会要求必须是原著。高中语文老师也会推荐学生在课外阅读四大名著，但基本会要求必须是原著。这是因为年龄增长了，阅读知识的等级也要增长。

不要迷恋那些对经典的解读，而是要去看经典本身。一本古代先贤的《道德经》能有一千种来自专家们的解读，在相同的理解之外，每个专家都能提出一点不同的见解，加入一些自己不同的感悟，但本质上还是如同一个馒头，对馒头再多次的咀嚼都不能形成一个新的馒头。每次对经典的解析都能带来大量新的读者，但再多的解析都不是高效知识的原体（经典本身），都只是低级知识的重复。

（6）读翻译作品一定要注意版本，而不是价格。有些翻译是对原作的升华，有些翻译是对原作的损毁。读那些翻译质量较差的译本，就像喝了假酒，味道相似却是化学原料勾兑的；又如同吃了假药，本想用来治病反而害了身体。

（7）要不断提升自己的阅读能力。真正高智的好书，其阅读理解是需要一定门槛的，需要读者具有更多的隐性知识去理解。那些难读难懂的书对于读者来说可能会带来一些困难，需要付出更多的时间和精力，但同时也能够带来更深入的认知和享受，不仅能够拓宽读者的知识面、提高阅读能力，还能培养思辨能力。

不能引发思考的书都是浅层阅读，比如那些事关消磨时间的娱乐之书。假如阅读内容语言简单、没有深度、内容浮浅，则不会让人产生思考，慢慢地人就会变得越来越迟钝了。浅层阅读并不会让阅读者更快乐，只会带来浪费时间的无意义感。

深度阅读能够增强大脑性能。在读书的过程中，大脑会根据内容不断在神经网络里生出相应的图片，以加深理解和记忆，当阅读能力成熟时，大脑中越来越多的区域就会被激活，大脑的连通性越强。阅读的文本越复杂，大脑活动就越复杂。阅读者能够表现出更强的理解他人感受和信念的能力。

认知传家久，诗书继世长。认知不会从天上掉下来，可以通过自律读书来获得它。每个人或多或少会受到既有认知的局限，而读书就是用来凿壁偷光的。好书的价值就在于移除遮蔽，用新的目光打量这个世界，知晓超出你眼界的那部分，看到事物内在的多元，让思想的边界变得更辽阔，完善自己的世界观。

# 第八章　重新认知朋友

什么是朋友？只要身处于社会之中，就会产生无数个人与人之间的链接。人们常把这种泛关系中的链接者称为朋友，朋友就构成了社会关系中人际链接的结构洞。一般来讲，优质的朋友是一种社会资本，劣质的朋友是一种价值黑洞。

认知是友谊的核心要件。认知不同不可能成为长久的朋友。因为人与人相处，无论是朋友还是亲人，都是需要交换认知的，而不仅仅是交换感情。只有在相同的认知里，用坚强吸引对方、脆弱联结彼此、同忧同喜同哭泣、共情共助共前进，才可能成为长久的朋友。

价值观是友谊的底层驱动。每个类群都有自己的价值观，秉持类群价值观的朋友会走得更久更远。秉持终身学习理念的朋友会恒久地有话题，会保持探讨探索的兴趣。每个类群有每个类群的栖息地，在老鼠的地洞里是遇不到狮子的，频率相同者才能够志同道合。

## 1. 朋友来源

情境型朋友主要有六种，分别为：（1）玩伴；（2）同学；（3）同事；（4）同好；（5）网友。

（1）在年幼时一起玩耍的伙伴可称为玩伴。例如，因为原生家庭活动结识的或者居住在同一社区里的伙伴。有人把玩伴也称为“发小”或“闺密”，异性之间也常被称为“青梅竹马”。年幼时的玩伴基本上不涉及彼此价值观、认知程度等社会属性的考量，只凭借简单的共同行为、共历环境、共同情绪来驱动，所以常被长大后的人们回忆为美好，赞美为纯真。

年幼时的玩伴，通常是因为他们的父辈属于同一个类群。所以他们才会在年幼时相遇和玩耍。有的玩伴在长大后仍然是至交好友，这是因为他们长大后仍然是同一类群，所以幼年时的友谊会延续终生。有的玩伴在长大后星流云散，天各一方，渐行渐远，互不往来，这是因为他们长大后方向各异，走进了不同类群，彼此间产生了类群隔阂。

还有一种情况就是，玩伴的父辈们并不属于同一个类群，只是因为偶然或机缘而相遇相识，年幼的玩伴们长大后各自回归各自的类群，也会留下一些饱含温馨的记忆以及难以言明的伤感，例如鲁迅笔下的闰土。人类是社会性动物，每个人都将受到自己所处类群的影响和规范。

（2）在共同环境下一起学习者可称为同学，例如因为求学、培训、进修而结识的人。无论你喜欢与否，一个班级里面都会有着几十个人，而你也必须和他们共同待在教室里。因为有了学校这个特定的环境，所以才会有同学。当你离开学校离开特定的环境时，他们就不会再存在于你身边了。继续联系的会成为朋友，不再联系的就会逐渐变成陌生人。

（3）在相同职业场合里所结识的可称为同事。同事是一种共事关系，因为工作而结识。例如：工作同事、上级领导、下级员工、供应商、代理商、客户、工作往来的联系人等，在相同的时间里出现在相同的地点。同事是随机出现的，工作关系结交的友人一旦脱离了职业范畴，通常就会断了联系。

（4）有着相同喜好、兴趣者可称为同好。同好大多是因为类群活动而结识的。例如：共同喜欢户外活动的群友、购买同一品牌车辆的车友等。喜欢诗词的会组成诗词的同好，喜欢钓鱼的会组成钓鱼的同好。共同喜欢某个球队、某本书、某个电影、某个作家、某个明星也能成为同好。

（5）在网络上结识的可称为网友。在网友之间，单凭一点共同爱好、观点认同、情绪一致就能够形成文本交流的热烈情感。然而这种虚假的友情很难经受面对面的考验，常在现实中一触即溃，再触翻脸。网络造成了大量虚假的友谊，尤其是颜值伪装软件加速了虚假友谊产生的数量与速度。

情境性朋友会因情境而存在，也会因情境而分离。因为不再具有相同的生存环境，不再具有感同身受的情绪。没有共同的圈子，没有共同的经历，就如同没有新的水源注入，即便再用力也是挤不出水的。各自的“三观”早已被各自的生活磨砺得千差万别，在一起聊天，不知道哪一句会触到逆鳞而立刻翻脸。

情境性朋友更像是一种临时的捆绑关系。大家都在集体中不自觉地互相组队，好像一落单就显得不合群。随着人生轨迹的转变，只要有一方放弃维系感情，这段友谊就会走向解绑。只要在一个路口走散，就很难再重逢。需要每年的相互确认，否则这段友谊就会消失不见。

情境型朋友通常都是阶段性存在。暂时的行为相同与情绪相通，并不能带来长久的共鸣。举个例子：两个刚刚经历分手正在伤心的人，常会在相遇的一瞬间产生共情而变得无话不谈，心生好感，在他们的内心里是这样想的："我们是一样的，所以我们是一伙的。"在电影里常有这样的镜头，两个失恋者短暂地在篝火旁聊天后就能迅速结为好友。然而这种共情只是一种情感同谋，并不是价值观相同，会比较脆弱短暂。

走散的朋友并不是什么悲伤的故事，而是各得其所。失联的朋友，并不是美好记忆的消亡，而是各得其安。要学会接受和朋友顺其自然地分开，毕竟这是常态。不讲原则的感情，常会引起麻烦和冲突；没有价值的支撑，再好的关系也终将会走向破裂。那些走得长远的朋友，要么是互相引领、要么是互相温暖、要么是互为臂膀，都是有前提的。

## 2. 朋友甄别

朋友主要分为四种。分别为：（1）益友；（2）恶友；（3）损友；（4）堕友。带你向上而行的是益友，阻你向上而行的是恶友，拖你向下而行的是损友，共同向下而行的是堕友。

（1）带你向上的朋友就是益友。他们不仅自己向上而行，也能够令你向上而行。他们会给你带来助力、情感、关怀、理解、支持、学识、认知、智慧、光明、希望、未来等。他们和你谈人生、聊理想、约学习，鼓励你、指引你、帮助你、纠正你，开拓你的眼界、提升你的认知，处处为你加油打气，希望你越来越好。真正的益友是认知升维与价值提升的同路人。

（2）阻你向上的朋友就是恶友。当一个人想出众，则阻拦者众多；当一个人想平庸，则附和者群集；平庸者常与周围人关系融洽，出众者常与周围人关系紧张。那些没尝过美好人生滋味的人，也不希望你去品尝。他们可以接受与你一同悲苦，但绝不允许你悄悄地幸福。他们不想给予你支持和鼓励，可能会想方设法地将你拉回原地。他们更喜欢对你的不幸表示同情，彰显他们的善良，而很难消受你的幸运与幸福。

为什么有的朋友更喜欢失败的你？这是因为他们坚定认为自己在深坑里的位置牢不可破，所以任何企图爬出深坑者都令他们感觉不是自己人，他们会把每一个企图爬出深坑的动作都视为背叛行为。而当你重又掉落深坑，会增强他们心安理得的自信，也会得到更多的安慰与劝解。你越是表现出失败的状态，越会得到他们的喜欢与友情。

不怕鹤立鸡群，就怕鹤鸡同心。让一只鹤站在一群鸡当中，结果倒霉的肯定是那只鹤。要么被同化，要么被排斥。当你与向下而行者并肩同行时，结果一定是被拖慢了自己原本的步伐，长此以往还会误认为那本就是你应该行走的速度，随后在一片嘘寒问暖声中，你会此生停留在鸡群之中。

（3）拖你向下的朋友就是损友。向下是顺应本能的简单、舒适与轻松。向下社交是非常爽的，因为会收获堕落的快感。向下而行者会引诱你尽情释放懒惰天性，不断用馊主意、坏想法、负能量、消极观为你提供极高的情绪价值，拉着你、捧着你、陪着你吃喝玩乐，反正他们的时间也不值钱。

绝不可以和向下而行者成为朋友。他们只是外甘内烈的毒药，腐蚀躯体与灵魂。他们不仅自己将来有苦难，还会把苦难带给你，给你带来无尽的拉扯、堕落、放纵、绝望。君子不落险地，要远离是非之人。否则你的乐观开朗并不能感染他分毫，而他却能轻而易举地将你同化。

（4）共同向下而行的朋友则是堕友。向下而行的人群更喜欢抱团取暖。因为一个人无论多差，在向下而行的人群中总能找到比其更差的，而在与更差者的比较中能够寻得温暖，可以一起嘲笑向上而行者艰难跋涉的步履、行进路上的风雨，共同获得向下坠落时肾上腺素所产生的快感，在比烂中发现自己的优点。

## 3. 朋友选择

你为什么交不到益友？因为你不具备向上而行的状态，缺乏相应的品质。物以类聚、人以群分，一个人能吸引什么样的人，就说明他是什么样的人。这是反射回来的信息，也是一种对自己了解的方式。在你没有真正掌握社会资源之前，或者说被别人所需要之前，你需要提升自己的价值。

友谊选择权的本质是价值。人有没有朋友跟年龄无关，没朋友主要是因为自己的价值不高。假如你的价值足够高，即使远隔千山万水也能吸引到朋友。一般来讲，有价值的人有朋友，没价值的人没朋友；价值高的人朋友多，价值低的人朋友少。要努力提升自己的价值。没有人喜欢和一无是处的人在一起，包括那些本就一无是处的人。你的价值在于你的稀缺性和不可替代。

友谊选择权是双向的。你在选择别人，别人也在选择你。经常有人说："朋友都没什么用。"事实上，当你期求朋友有用的时候，你的朋友同时也在期求着你有用。单向付出的友谊是不可能长期存在的。很多时候对朋友无用的声讨，说到底是因为觉得自己苦，想得到别人的能量而非给出能量的呈现。

什么是价值锚定原则？越是名贵的鸟儿越爱惜自己的羽毛。总是和白菜、土豆站在一起，别人就会认为其同样也是白菜、土豆的价值。近朱者赤，近墨者黑。与凤同飞，方是俊鸟。你是谁，便会遇见谁。你与之交往的人，就是你未来的样子。你的圈子就是你的阶层，所以人生最不能将就的就是对朋友的选择。

选择朋友，就是选择命运。人是环境的产物，一个人的"三观"、性格、习性都会逐渐趋同于所处圈子的平均水平。在什么圈子里，会接受什么样的文化。人总是会无意间模仿身边的人而越来越像。立身成败，在于所染。优秀的朋友会带你飞，低劣的朋友只会把你带到垃圾堆。选择性交友、去渣留精才是正确的决策。

不要和不智的人交朋友。因为他们不知道什么是对、什么是错，他们经常好心办坏事，会因为逃避小错而酿成大错，会把身边的人都带入深渊，让你防不胜防、损失惨重。不智的人很可能会结交一些不三不四的朋友，如果你认识了不智的人也等于认识了这些危险的人，等于你允许这些人走入你的生活，而他们可能随时会变成定时炸弹。

选择朋友要谨慎，因为朋友会塑造你。不要和山洞里的人交流，因为那样你必须先走进山洞；不要和功利者交朋友，因为你把他当朋友而他会把你当流量池；不要和降智者交朋友，因为他们坑了你还会说是为你好；不要和隔智者交朋友，因为你不知道他什么时候欠下巨额网贷还会把你的联系方式填到紧急联系人那一栏去；不要和反上进的人交朋友，因为他们会推崇堕落。

## 4. 朋友交往的原则

朋友交往需要遵从三个原则，分别是：（1）等值互换；（2）区别对待；（3）类群特征。

（1）友谊需要遵循等值互换原则。优质的友谊也是一种稀缺品，并不是按需分配的，需要你用同样的优秀才能够交换而来。只有那些劣质的友谊，只要你肯俯身采摘，一抓一大把。好朋友不是通过努力争取来的，而是在各自的道路上奔跑时遇见的。价值丰富的朋友都是被吸引来的，被需要到一定程度，就算跋山涉水、翻山越岭，还是去找你。做最优秀的自己才能遇见更好的别人。

在团队里，每个人都希望自己能够和强者站在一起。因为会增加团队取胜的可能。例如：在篮球场上的随机组队，谁都愿意和篮球高手组成一队，没有人愿意站在必败的队伍里。你想要成为一个赢家，就必须和赢家一起奋斗。但是为什么经常做不好或者做不到呢？因为强者也希望和强者站在一起。打铁还须自身硬，与强者结盟自然也是可以，只是自身也要有对等实力才行。

（2）所谓“好”就是区别对待。每个人都想被区别对待，因为不被区别对待的好是不值钱的。要想鹤立鸡群，就不能跟鸡做一样的动作。举个例子：你对世上所有的小孩子一样好，没有一个小孩子会感激你，甚至意识不到你的存在，你的付出在他们心里是理所当然。再举个例子：假如一个孩子见到任何人都叫爸爸，那么“爸爸”这个称呼就会迅速贬值、丧失意义。

没有原则的滥好人会导致帮助过的人不会感谢他，没帮助到的人反而有可能会怨恨他。举个例子：朋友第一次给你温暖与关怀，你会对这个人有好感，当发现他对所有人都给予温暖与关怀时，你有可能会觉得这份友谊似乎也并非那么贵重，哪怕他对别人的温暖与关怀并没有削弱给你的那一份。空气给所有人以呼吸，但很少有人去感谢。

只有区别对待的人际关系才会有超额收益。你想获得超额收益，那就得先定位谁是你长久的真正朋友。在朋友交往中不能搞平均主义，不是每个人都值得你花费精力维护。安全感是收益的天敌，只有先勇敢地对那些非朋友减少付出，才能令朋友感受到来自你友谊的价值。人生唯有重仓，才有资格谈收益。只有那些极致的区别对待，才配得上更大的付出来交换。

（3）朋友的本质是指相同类群的人。拥有怎样的认知，决定了其应该划分为哪一个类群。不区分类群的友谊是一种不智行为。任何关系都有条件，任何行为都要看人。“礼”要给予知礼数的人，“信”要给予有信用的人，“情”要给予有情的人，“善”要给予善良的人。举个例子：恋旧情结只可以发生在正确的类群里，认知、情绪与情感不要向错误的人群分享。难过分享错了就会成为笑话，快乐分享错了就会成为炫耀，认知分享错了可能会带来风险与伤害。

## 5. 朋友关系

朋友关系在本质上是一种弱关系。虽然强关系里也有利益，弱关系里也有情感，但总的来说，强关系主要是由情感驱动的，弱关系主要是由利益驱动的。即使是男朋友、女朋友这种极其亲密的超友谊关系，在本质上也是一种弱关系。

把事关生死存亡的事情交托给弱关系者，通常具有极大风险。在强关系的背书下，弱关系通常也能发挥很大的作用与威力。但假如失去了强关系的支持，弱关系的作用则非常有限。

依据联结主体，朋友关系大致有四种。分别为：（1）抱团取暖；（2）强强联手；（3）弱弱纠缠；（4）适度而为。

（1）抱团取暖是一种不稳定的朋友关系。人类需要生存与发展，在生存上的确存在抱团取暖的需求，能够抵御寒冷的侵袭，但是在发展上是不存在抱团取暖这件事的。这是因为发展的本质是前进，而抱团这种状态是无法令人迈开步伐、健步如飞的。在发展的道路上，必须是一个个具有动能的个体，而不是缺乏动能的温度，所以在发展上不存在低质量纠缠的抱团取暖。

抱团取暖通常只是短期的生存策略。抱团取暖者一旦度过生存危机，就有可能会产生同性相倾轧，形成低质量纠缠。有人把这种现象总结为“底层互害”。在一群利益与情感投机者中间，往往充满了算计与撕咬，常会发生“羊肉没吃到，惹得一身骚”或“偷鸡不成反蚀把米”的现象。

（2）强强联手是一种稳定的朋友关系。在发展上，良性朋友关系只有一种，叫作独立自主下的强强联合。有人把这种现象总结为“高层互助”。其本质并不在于层级，而是在于自己的类群特征。对成年人来讲，社交的本质是发展潜在的合作，既需要情感的共鸣，也需要利益的驱动。

（3）强弱纠缠是一种冲突性的朋友关系。当一个人快速成长超越了之前的圈层，就需要逐渐远离原圈层，这不是冷漠而是一种自我保全的睿智和远见。因为你的成功只会衬托出原圈层的无能和失败，你拥有的越多越容易激起原圈层的嫉妒与愤怒。木秀于林，风必摧之。你的优秀与成功，在原圈层眼里有可能是一种原罪。

（4）适度而为是一种心智成熟后的朋友关系。适度帮扶是慈悲，过度干涉是灾难。人之一生，各有各的方向，各有各的渡口。人各有命，悲喜自渡。互不干扰，皆大欢喜。在这个世界上，没有无缘无故的相交，也没有不明不白的决裂。你不需要改变任何人，因为你也改变不了，你所需要做的就是适度而为。

## 6. 朋友交往

一个中年人问：“为什么年龄越大而朋友却越来越少？”这是因为向上而行的路上从来都是路窄人稀，换句话说，这条路上你本来就碰不到多少人。所以对向上而行者来讲，真正的朋友一定会越来越少。向上而行者的孤独是一种无法避免的天气，并不是因为他想孤独，而是因为在他的周围找不到他的同类。

朋友常会在一些人生的十字路口而走失。任何人都是会变的，而且一定会变。区别只不过是有的人向上而行，有的人向下而行。就像人工抚育的小鸟，长大后却发现一只是山鹰，一只是水鸟，自然会走向不同的路途，奔向不同的巢穴。山鹰水鸟不同路，从此山水不相逢。

一切关系，都是当下的匹配。自行车不用担心和飞机相撞，因为它们所处的空间不同、道路不同、能量层级也不同。当你是一只毛毛虫的时候，你也许会有一些毛毛虫的朋友。当你化蛹成蝶之后，必会结交一些同样化作蝴蝶的朋友。人生的进步其实就是一个不断更换环境、更换朋友的过程。

时间在不断筛选你身边的人和事。有些朋友只是具有某一段共同经历，有些朋友只是具有相似的境遇，有些朋友只是拥有相同的背景。有的朋友只是进化到你们相识的那一天就停止了，有的朋友则一直在进化。相逢的意义在于照亮彼此。能长久走下去的好朋友，一定是志同道合的良师益友。除此之外的朋友，只是不同人生阶段的同路人而已。

天下无不散之筵席。当朋友离开你的时候，不必有怨言。当你离开朋友的时候，不必有愧疚。身边每变换一批朋友，本质上就是变换了一批合作的对象。每一对朋友的疏离，在本质上都是因为其中的一个人提升了合作的层级，而另一个人没有跟上。

要慎重看待合群。如果你身处的圈子像一潭死水不再流动，没有一个你可以学习的榜样，所有人的思维、认知、格局、观念都停滞不前，那就没必要再刻意地让自己合群。合群常是平庸的前奏，是向下而行的开始。和向下而行者的合群只会浪费自己的时间。人生的一个灾难就是你接触错了环境，继而学错了知识和理论，结交错了朋友，继而走错了方向。

不要鹤立鸡群，而是要离开鸡群。当你厌恶你所处的环境以及身边的人，那么表达厌恶最好的方式不是争吵与冲突，而是努力奋斗离开这个环境与人群，令他们永远从你的视线中消失，再也看不到也影响不到。努力是最强大的翅膀，读书是最强大的武器，远离是一种最大的鄙视，幸福是一种最大的报复。

要在前进的路上寻找同行者，而不是硬拽着别人上路。如果你跟多年前的朋友还能聊到一块、认知相同，要么说明你们的认知都前进了，要么你们的认知都没有前进，还停留在原来的圈层。一般来讲，向上而行者跟过去的朋友通常只能聊过去，而无法聊未来，因为大家并不在相同的未来里。涂改是岁月的专长，很多时刻那些和老朋友之间的交流，就好像是一个人对着照片说话，说得再多也无法产生有效的延续。

交友不慎，就常会吃到朋友熬制的毒鸡汤。人是从众的动物，趋利避害是动物的本能，极容易从众而被同化。能够独善其身者少，而同流合污者众。所谓乌合之众是指人一旦进入群体，就会产生集体潜意识，会不自觉地失去自我意识，在群体活动中会变得服从大多数，因为看着别人都这么说、这么做，而自己却没有这么说、这么做时，就会陷入一种危机感。

优质友谊胜于独处，独处胜于劣质友谊。我们终其一生不是为了满足每一个人，而是要找到跟自己同频共振的那一部分人。在缺乏友谊选择权的时候，也不要轻易地放弃标准，不加选择地结交朋友，最终就只能使自己陷于低劣的圈层中，让自己在堕落中万劫不复。这时候也许学着独处才是一个正确的选择。要学会独处，在暗处打磨自己。

与人交往要看得见未来，而不是纠缠于现在。当下愿意和你发生链接的人，就是和你同层次的人。当你所处的圈子，让你看见的不是 10 年后的自己，而是今天的所失所得，那你注定很难静下心来沉淀自己。你要能够看清更高层次的人在哪里。如果你想让自己不断进步，就要换环境，到一个积极向上的环境，多接触上进的人。

强大的朋友关系都是建立在信任之上的。在人际交往中，如果没有信任就不可能有合作，在互相猜忌的氛围里，所有人的情感交流成本都会骤升。人和人之间的信任很难建立，却易于摧毁。而消除已经形成的不信任，那更是难上加难。假如一个人能大规模降低信任成本并让很多人相信他，则具有极强的竞争力。

# 第九章　重新认知职业

一个人的工资标准是由什么决定的？一个人的工资标准既不是由领导的仁慈决定的，也不是由其单纯付出的工作时间决定的，而是由全球范围内，从事同一工种、同一工作的平均效率决定的。举个例子：假如在全球范围内，平均一分钟能够生产一万个螺丝钉，而某人只能一分钟生产一个螺丝钉，那么其工资一定不会高。如果在效率如此低下的情况下，这个人仍然工资很高，那么必是以牺牲社会其他组织的利益为代价的，也终不会长久。

每个人都在同全世界的相应岗位者竞争。竞争并不只是来自身边的人，也并不只是来自同城的人、同一个国家的人。在世界贸易格局下，竞争将来自全世界。当人力成本高于产出效益的时候，产业将在世界范围内不断地转移。如果一个人不想降低自己的劳动收入期望，那么其只能通过不断提升自己的知识含量，提升产出效率，提升自己与全世界相同岗位者之间的竞争力，而不是依赖于咒骂资本或乞求仁慈。

职业的本质是知识含量。在市场经济环境下，低知识含量者在未来基本上和“活少钱多”的工作岗位是无缘的。之所以社会上还存有大量类似的想法，只是由于其在非市场经济环境下所产生的人生经验。现代科技的发展证明，低端劳动力的无序增长未必有益于生产力的总体提高。

有知识的劳动者与没知识的劳动者将分化为两个类群。有丰富技能的劳动者在劳动力市场上会具有更多讨价还价的话语权。认知与技能缺失者连劳动力资格都正在逐渐丧失，实际上，就算是保洁、护工这类简单事务性工作，个体之间也存在较大的差异。即使是服务业，未来也是分为两种的，即体力服务业和智力服务业。

在未来，只有高效认知的人脑才能够胜过电脑。人类优于电脑的是认知与心智能力，人类劣于电脑的是记忆与储存能力。可以确定地讲，假如让人工智能来参加背唐诗大赛的话，必会秒杀所有的知识存储及复述者。人们应该研究如何更好地利用工具、使用工具，而不是把自己变成工具，或者去和工具比效率，例如单纯地记忆以及反复地演练。

不要选择和机器人相竞争的职业。在古代，储存记忆也能成为一种职业，在现代则很难。因为存储介质的发明远比人类的记忆更可靠、更庞大。不要去和电脑比那些明显劣势的东西，如果人们一味扬短避长，那么总有一天会被电脑全面地超越。向上而行的年轻人不要长期去做那些没有任何技术含量的工作，否则这一生都会在不停地找工作。在当下，并不是劳动力缺乏，而是具有高效知识的劳动力缺乏。在未来，不再是岗位减少带来的失业，而是高效知识缺乏带来的失业。

企业间的竞争，其本质是竞争彼此间的知识总量。在企业里，知识就是生产工具，知识就是生产线、生产设备，知识就是原材料，知识就是产品，知识总量更多的企业将获得更高的生产效率、研发效率、营销效率，获得更低的人力成本、生产成本、营销成本，从而获得更高的市场竞争力。

大企业的成长高度通常取决于其集成高知的综合数值。大型企业通过吸纳大量高知人群，不断增加企业知识含量，来弥补其官僚程度与低效状态带来的劣势，利用集成高知来实现规模与垄断。在现实中，大企业还具有低成本资金（无息贷款）、无成本资金（国家补贴）等其他优势。

小企业的成长高度通常取决于其创始人的知识含量。虽然小企业经营灵活高效，采用低成本运营（家人拿少量工资）或无成本运营（家人甚至不拿工资），但因为无法吸纳高知进入，造成知识总效用不足。只能依赖于创始人的认知高度，车头带车厢，一人带全体。创始人停止学习的时刻，通常就是企业停止增长的时刻。创始人知识落后的时刻，通常就是企业走向衰败的时刻。

为什么在社会上常会提到35岁现象？人们在20岁到30岁之间基本能够同时吃到四大红利，即时间红利、认知红利、颜值红利、婚姻红利。30岁左右，四大红利开始逐渐消失，但经济收入曲线在此时是一直上升的，经济收益常使人们看不到潜在的危机，还以为人生幸运会永远如此。所以在天平两端的不平衡积累到一定的程度，大约35岁就会出现危机总爆发。

很多人到了35岁或45岁，其实际能力和25岁时是一样的。很多人这辈子吸收知识的高效阶段，仅仅是在高考的前期和步入社会的初期，随后便停止认知进化，继而陷入漫长的浑浑噩噩之中。可是仅仅10年的成长怎么能满足一生变迁呢？结果就是这些人坚信自己的经验与资历是具有超高价值的，就是不愿意为自己的认知停滞、心智落后、精力衰退做出预防和改变。

决定学识高度的从来都不是普及性知识，而是高效认知。人过中年，常有人说自己变得越来越倒霉。其实是认知不足积累到了一定的程度，再也无法用年轻掩盖了。35 岁并不是什么魔咒，只是在之前人们都会受到年轻的保护。青春能掩盖很多问题，这块遮羞布拿开之后露出了真相。只有具有高效认知者，才能持续具有与世界相交换的能力。

衡量职业优劣大致有八个指标，分别为：（1）组织的层级；（2）收入的高低；（3）辛苦的程度；（4）个体的层级；（5）持续的时长；（6）未来成长的空间；（7）收入之外的受益；（8）隐藏的风险。

竞争性的本质是人力资本的差异。人力并不一定是资本。对企业来说，有的人力是资本，有的人力是成本。在农业社会，劳动力就是生产力。在工业社会，有知识的劳动力才是生产力。世上并没有用来鼓励工作努力的赏赐，所有的赏赐都只是被用来奖励工作成果的。

不同的市场主体会给予人力资本不同的定价。同样一个苹果，在原产地和大城市里其价格有可能会相差几倍。人力资本移动到需求更多、购买力更大的地方，有可能会获得更高的溢价空间。健康、颜值、地理位置也是人力资本实现的要素。

供给与需求决定着某种职业其社会地位的高低。从利益角度来看，所有的职业从业者都认为自己的社会地位被低估了。农民通常会认为农业更重要，农民应该获得高收入；工人通常会认为工业更重要，工人应该获得高收入；教授们通常会认为知识更重要，教授应该获得高收入；那么职业的社会地位到底应该由什么来决定呢？只有通过竞争，才能分辨出对社会有价值的人和无价值的人。

优先级职业大多具有较高的进入门槛，即职业资格。会通过学习年限、经验、职业技能、能力等考核因素来进行层层考核。对于某些职位来讲，认知与能力是必要条件，尤其是那些提升效率价值的岗位。对于某些职位来讲，忠诚与服从是必要条件，尤其是那些分配财富资源的岗位。

设立职业资格的目的是避免无序竞争。社会上那些单调乏味、艰苦危险、令人不快的工作，总需要有人去做。假如使用强制分配的方法，难免会遭到不满与反抗。而职业资格的设立能够令人尽其才、物尽其用，会令每个人都去做着符合本人心智程度的体力劳动。可以说，有的人在选择职业，有的人只能被职业选择。

“非正式员工”将成为低收入群体的代名词。在当下，正式员工常因为受到更多约束而充满怨言，非正式员工常因为相对自由而受到青睐，而且彼此之间的收入差距似乎也并不明显。但正式员工将得到更多隐性的行业红利、组织红利、职业红利，而非正式员工、未充分就业者、灵活就业者将逐渐增大与正式员工之间的收入差距，以及其他隐性收益。

# 第十章　重新认知婚恋

婚恋是第二人生的起跑线。原生家庭是第一人生的起始，婚恋则拉开了第二人生的帷幕，开始构建自己的核心家庭。美好的婚恋能够找到默契且正能量的人，一起奔跑在通往理想的路上，疗愈来自原生家庭的伤，共同抵御路上的风雨，成就一段幸福的传说，把温馨与美好传递给下一代。

在古代，婚恋伦理是一套平衡制约的有机系统。性是一种肉体生活，遵循快乐原则；爱情是一种精神生活，遵循理想原则；恋爱是一种消费生活，遵循利益原则；择偶是一种远景生活，遵循理性原则；婚姻是一种社会生活，遵循现实原则；生育是一种情感生活，遵循责任原则；家庭是一种代际生活，遵循传承原则。

在现代，旧的婚恋伦理已被摧毁，新的婚恋伦理正在重建。性、爱情、恋爱、择偶、婚姻、生育、家庭正在被分割为七个完全不同的社会行为，常被期待着分散实现，并因此产生各种矛盾冲突与两性对立。举个例子：有人认为恋爱是恋爱，不一定要跟恋人结婚；有人认为结婚是结婚，不一定要跟配偶生育。

婚恋正在受到来自多方面的攻击。工业发展往往需要撕裂家庭，因为不撕裂家庭，就无法得到埋藏在家庭里的各种资源，包括新鲜的劳动力以及不理性的消费者。来自家人的伤害，往往是压倒骆驼的最后一根稻草。那些家庭运营失败的父母，不再令孩子们向往。孩子们有可能会说："不想嫁给像爸爸那样的男人，也不想娶像妈妈那样的女人，更不想生出一个像自己这样的孩子。"

婚恋正在被来自西方的伪智影响。合格的父母通常会成为子女人生抉择的标准，不合格的父母则成为子女择偶的反面教材。那些无法做到互相信任、互相支持、共同承担责任、创造财富增量、合力对外的家庭会越来越差，因为他们无法竞争过别人。

事实上，婚恋是分等级的。有人在网络上高喊："婚恋已死，家庭将亡。"其实他们所观察的现象、收集的样本、总结的数据都来自低质量婚恋。高质量婚恋缔造幸福，永世不亡；中质量婚恋生产稳定，自我革新；低质量婚恋制造不幸，风雨飘摇。伪智者通常喜欢把自己的感受说成是全体的，把自己的经验说成是全民的，以偏概全，把自己的低质量婚恋说成是中国式婚恋。归根结底，是降智者认知不足的表现，也是隔智者不良社会化的呈现。

对个体来讲，家庭是离自己最近的生存价值。一个人年轻时，常常觉得为了工作能够牺牲家庭。经历的事情多了，才发现任何人生的高度都离不开家庭的托举。人生的幸福并不仅仅来自金钱、娱乐与消费，还来自认同、欣赏、关怀、关系、情绪、情感、精神等。事业决定了前半生的福祉，婚恋与传承决定了后半生的福祉。

## 1. 爱情

爱情也是分等级的。低等级的爱情是便利品、选购品，中等级的爱情是耐用品、专用品、资本品，高等级的爱情是稀缺品、奢侈品、特殊品。爱情的初级阶段是由荷尔蒙驱动的，爱情的中级阶段是由生活驱动的，爱情的高级阶段是由认知与价值观驱动的。

爱情主要有六个属性。分别为：（1）生物属性；（2）审美属性；（3）社会属性；（4）价值属性；（5）双向属性；（6）传承属性。

（1）生物属性的爱情主要考量性吸引力，可称为原始的爱情或性本能爱情。例如：影视中经常表现的一见钟情，一秒钟之后就可以为对方去死的爱情，皆属于此。有人说："上学爱上老师，吃饭爱上厨子；练车爱上教练，军训爱上教官；结婚爱上司仪，离婚爱上律师；工作爱上领导，理发爱上托尼。"对于性本能爱情者而言，爱情只是一个快速消费品。

原始的爱情是一种由性冲动主导的性吸引。由体内分泌的性激素而推动，被叠加了多种生物学因素，常表现为一种生理性喜欢，例如、一见倾心、勾动相思……这种原始的出于本能的爱情基于天性而产生，常被文学及影视所呈现。

理性不足者在爱情中常被称为恋爱脑。这实际上是一种认知缺陷，大多是因为在原生家庭里没有建立足够的情感认知造成的。事实上，世间并不存在"恋爱脑"这种独特的器官，只存在智慧或不智慧头脑的区别。

理性不足者常会因性本能而爱情泛滥。这种原始的爱情通常来得快，去得也快。爱情在的时候，能够毁天灭地，拥有无穷的力量。爱情不在的时候，连一根稻草都可能举不起来。性本能爱情本是一个电光石火中的东西，却常被无限放大、无限延长，甚至可能覆盖了做梦者的所有精神世界。

（2）审美属性的爱情主要考量颜值资本。例如，影视剧中男主人公为了追求美貌对象而跋山涉水，美貌对象移情别恋之后悲痛欲绝，这主要是因为失去了美貌拥有者的位置。偶像剧里的美貌占有型爱情，并不是真正的爱情。

（3）社会属性的爱情主要考量运营能力。成熟的爱情是基于人性而产生的，有了人性与认知、了解、互动、相濡以沫之后，才有了社会属性的爱情。没有经历过同甘共苦、互相学习、共同进步的爱情，大多走不到白头偕老的类亲情。

社会性爱情并不是生物的刚需。除了人类，其他动物都并不需要社会性爱情。那些表现动物之间爱情的影视与文学，只不过是出于人类美好的想象。动物的刚需只是生存与繁衍，社会性爱情是一种认知提升情绪感知升维后的产物，目前专属于心理成熟的人类。

（4）价值属性的爱情主要考量交换能力。在男女之间，需要不断交换各种价值，包括生存价值、生理价值、安全价值、经济价值、位置价值、认知价值、情感价值、情绪价值、传承价值等。

没有持续价值输入的人，价值型爱情很容易死去。以色事人，色衰爱弛；以财待人，财空人去。有人结婚之后再也不肯提升自己的价值，原有价值却在不断流失，这样会造成价值失衡，很多中年人婚姻破裂皆因如此。想要爱情永不变，就需要持续让自己具有价值。所谓真爱，就是一种持续的不可替代。

拥有高价值者，会得到更多的爱情需求。即使你什么也不做，也会有人爱你如命。拥有低价值者，会得到很少的爱情需求。价值缺失者，即使付出很多，也很难被爱上。所以想要爱情来敲门，首先要让自己拥有高价值。拥有持续不可替代价值者，更容易享有永世不变的爱。

远超自身价值的爱情都是有代价的，彼此之间的差距越大，要为此付出的代价往往越难承受。有些人认为婚姻不幸是因为自己恋爱经验太少、选择范围太小，而不是因为自己认知不足、价值不够，期待着用更多的恋爱次数来弥补自己认知的缺陷，用更大的征选范围来掩藏自己条件的不足。实际上，只要在等值互换原则发挥效力的地方，俯拾皆是的野草就不可能与稀缺的黄金等值。有人讨厌价值交换，总是幻想把一棵白菜卖出黄金的价格，然而这注定是艰难的。

（5）爱情是双向奔赴的情感。爱是一种暂时的情绪，要及时给予回馈。缺乏回馈的爱，难以长期单向维持。情感一旦不能双向流动形成闭环，恋爱游戏就没有任何体验可言。在恋爱婚姻中，不能一方永远是喂饭的大人，另一方永远是吃饭的小孩。不能因为单向之爱就令对方一劳永逸。这样的关系不是爱情，而是情感剥削。

有人永不可能遇到爱情，因为他们真正爱的是自己。爱并不是以绑架的方式去奴役他人，情感勒索者实际上根本没资格谈“爱”这个字，他们只不过是打着爱的名义，用伪逻辑和感情绑架别人而索取利益。一般来讲，价值丰富者喜欢用价值来吸引异性，价值不足者喜欢用情感来勒索异性。

单向奔赴的爱情是一种自我意识缺失。有人说：“真正的爱是不求回报的。”这句话是错误的。“无条件的爱”是一种反智语言，真正的爱一定是有条件的，那就是回报以相同的爱。真正的爱，必会以相同的爱回报。情感供养者通常是一种心理疾病。那些偶尔出现的长期的单方面的爱，大多是因为认知失调导致的自欺与自弃，把这种畸形的爱化作了信仰。

（6）传承属性主要考量六大资本的综合展现。可称为价值观爱情或认知的爱情。例如：在电影《爱在记忆消逝前》里，平淡中孕育传奇，微茫中缔造不朽。

## 2. 恋爱

恋爱是一种弱关系。在恋爱中，无论你爱过多少人或者多少人爱过你，这都属于弱关系。在恋爱中，是没有深层次法律责任义务的。两个人都是独立平等的主体，彼此之间不存在权利让渡。只有结婚后构筑家庭，对家庭这一共同主体才有责任一说。女朋友并不是妻子，男朋友并不是丈夫，还没有产生夫妻间的权利义务关系。有人用"出轨"这个词来形容恋爱中的移情别恋，其实是并不准确的。婚姻有出轨，恋爱只有劈腿。

恋爱是一种假性亲密关系。在恋爱关系中，任何人的进入与离开，都只是理性抉择的一部分。直白地讲，恋爱关系并不稳定，任何人都有反悔与分手的权利，无法以法律甚至道德来约束彼此。在网络上，针对考公成功后立刻分手的情况，有人总结说："上岸第一剑，先斩意中人。"其实那个被斩的并非意中人，只是工具人而已。在工具人之间，各取所需，与恋爱无关。

恋爱失败的原因大多为高估了自己的价值，或者是低估了对方的价值。上苍把一生中最好的时间红利与颜值红利给了年轻人，让年轻人去积累财富、寻找幸福，却因为伪智的诱惑、不智的影响、降智的推动、隔智的自负，有很多年轻人滥用了这两大福利，等到失去后再追悔莫及。

婚前恋爱的次数越多，则情感阈值就会越高。交友软件通常会把现实里完全遇不到的人也能够拉进待选项中，通过次抛型约会和速食型关系，能够方便迅捷地用新的刺激迅速覆盖掉上一段感情。情感经历越丰富而心动感就会越少；恋爱行为产生得越容易，导致对婚姻的热情及向往程度降低，离稳定关系也越来越远。

为什么不要去看那些成人恋爱童话？因为恋爱的想象永远比现实更美好，现实中的优秀永远比不上想象中的优秀。沉迷于童话就会与现实产生疏离感，在现实中永远找不到童话中的美好。于是无法融入社会、融入现实，继而反对现实、拒绝现实、逃离现实，导致永远都无法在现实中收获幸福。

为什么恋爱容易结婚难？因为恋爱只需要年轻、颜值、消费愉悦，而婚姻却需要更多的理性与价值等要素。有些人缺乏婚姻理性也缺乏婚姻价值，所以只能停留在恋爱中，而无法进入婚姻。

为什么恋爱的时候甜蜜快乐，结婚后却很枯燥乏味？因为一个是身处梦境，另一个是走进现实。在爱情里只需要解决“你要爱上我”这一个问题，在婚姻里则要解决一万个琐碎的问题。

因为恋爱源于性吸引，只要存在性吸引，就可以和他人进行恋爱；而婚姻源于合伙制，只有满足所需要的条件，才能够彼此缔结婚姻。举个例子：有人只想恋爱，一生都处在恋爱之中，无法走进婚姻和家庭。有人只会恋爱，一旦进入婚姻和家庭，就会崩溃。只有具备婚姻运营能力者，才能够长久地维持婚姻。可以说，恋爱的门槛比婚姻的门槛要低一些。这也是幸福婚姻稀缺的主要原因。

## 3. 择偶

什么是配偶？配偶就是与之相匹配的伴侣。配偶通常是一个人的镜子，有什么样的配偶就能照出自己是什么样的人。

理论上，每个人都会存在一个此生最优的婚恋对象，也一定会在人生的某个阶段遇到对方。只不过因为自己的认知不足，即使有机会也没有抓住，即使对面而坐也没有看出来，即使对方苦苦追求也被你拒绝了。原因只在于你欲望过高并且心智不够，要么是被其他诱惑蒙蔽了心智，要么是错误高估了自己，要么是陷入迷梦幻想着在未来得到更好的。

择偶需要较强的认知能力。有的人不管娶了谁，都是好丈夫。有的人不管嫁给谁，都是好妻子。有福之人不入无福之地，无福之人不进有福之家。在这个世界上永不会缺少向下而行的男女，睿智者不会与错误的家庭联姻，即使万千财富也不会迎来幸福。错误的家庭也只能迎来财富猎手，并养育出向下而行的后代，逐渐走向衰落。

认知不足者对配偶的选择，会严重受限于理性的思考。他们几乎从来都不会抱怨自己的心智与认知，而是更愿意检讨自己的“视力”，“当初是怎么瞎了眼的”。在一场自由恋爱且平等选择的婚姻里，所有对配偶的抱怨都源于自己的短视、无能或不配。抱怨配偶本质上是在抱怨自己价值不足，无法匹配一个更满意的配偶。指责配偶是一件很简单的事情，但是并不会带来幸福。不明白病痛的来源，有可能会再次生病。

并不是所有人都具有择偶权。人在饥饿的时候常会选择不爱吃的食物，人在寂寞的时候常会选择不爱的人。所谓饥不择食、寒不择衣、慌不择路、贫不择妻就是这个道理。这没有什么办法，无论男女，只有提升自己才能获得更多的择偶权。

婚恋红利大多是在大学校园里变现的。因为只有在大学校园里，才会存在错误定价的时刻，有可能用十分之一的价值交换到黄金，一旦毕业走向公开透明的市场，基本上很难再有这种可能。智慧的主要特征就在于能够准确识别有价值的稀缺优质资源。无论男女，优质人力资源都容易被发现、被争抢。

优秀的潜在配偶在婚恋市场中基本上是没有流通率的。因为优秀的主要定义就在于智慧、自律、专一、有责任感，而智慧，自律，专一，有责任感的男女，基本一次流通就结束了。反而是那些带着认知障碍、心智偏歧、结构性伤痕者，会在婚恋市场里反复流通，彼此一边抱怨筛选，一边期盼捡漏。

择偶是个挑选的过程，不是培养的过程。宁可花时间去选择一个对的人，也不要煞费苦心地改变一个错的人。无论男女，选择了一个什么样的配偶，就选择了一个什么样的未来。不是每一个人都适合白头到老。青春和颜值是最容易贬值的一种东西，重要的是认知、心智、责任感、价值观、学习力，以及家庭背后刻在骨子里的类群特征。

不要追求超过自己能力范围的对象。提高了择偶标准，就等于降低了可选择范围。那些拼命争取的，还需要拼命去维护。

不要设置不合理的择偶标准。很多人希望找一个既强大又服从的配偶，但这通常是一个悖论，强大者多不服从，而服从者多不强大。在恋爱考验中，有一个著名的女朋友和母亲落水先救谁的问题，这必是来自一个不智而短视的灵魂。自己在此刻打出去的回旋镖终会在未来伤害到自己，因为自己在多年以后也将成为那个被甄选的落水的母亲。

什么是短择？短择是指没有长期择偶意愿的短期恋爱。“明知不是伴，事急且相随。”一个人既可能短择他人，也可能被他人短择。所有的选择都会付出代价，即使短择也是。要避免让自己被没有价值的事消耗，被不值得的人浪费时间。

## 4. 婚姻

世间每一个婚姻都是不一样的。看似婚姻都是一样或相似的，例如：到民政局领一本封面一样的证书，拍一张背景一样的合影，办一场流程一样的婚礼。其实完全不一样，因为每个婚姻里的人都不一样。男性并非全都是一样的男性，女性并非全都是一样的女性。婚姻既有等级，也有差异。对不同类群来讲，有着完全不同的意义。

那些指导婚姻的书为什么没有效果？因为每一个读书的自己都各不一样，每一个读书人的配偶也各不一样。自私者有自私者的想法，不智者有不智者的决定，不配者有不配者的抱怨，功利者有功利者的规划。

婚姻是两个人甚至两个家族之间认知与价值观的体现。一般来讲，幸福美满的婚姻，只能出现在由两个向上而行者组建的家庭之中。夫妻中只要有一个是向下而行者，都大概率地可能会迎来不幸。婚姻类似于乘法，只要夫妻中的一方是零，那么结果就只能是零。

对自私者来讲，婚姻是束缚放纵的牢笼。自私者通常是无法理解责任意义的，很难说服自己为共同的事业去妥协忍让，只会认为婚姻的锁链束缚了放纵的翅膀。婚姻需要人们更爱家庭这个集体，而不是只爱自己。走进婚姻常代表着需要牺牲自己的金钱、自由、时间来换取合作、热爱、幸福与未来。自私者通常既不喜欢尽职尽责，还可能因为一点点障碍或挫折就逃离婚姻。

对无知者来讲，婚姻是一场赢率极低的赌博。无知者通常靠本能驱动，把恋爱交托给缘分，把婚姻交托给盲盒，把命运交托给神灵，把幸福交托给天意，相信投机与幸运，实际上是在默认自己终将失败的结局。他们通常不知道对和错，也不在意对和错，只要满足本能地活着即可。然而他们终会为自己的无知而付出代价。

对不配者来讲，婚姻是滋生抱怨的土壤。网络上经常出现一些对配偶的指责与声讨，实际上只是对自己不智或不配的回应。不是一家人，不进一家门。那些攻击配偶者，不明白自己是不配得到更好的那一个。不配者通常会极度渴望得到结果，却拒绝思考因果，只有被结果教育的时候才开始痛苦与后悔。更有可能的是，他们即使被结果教育了也不会幡然醒悟，而只会怨天尤人。在不配者的意识里，抱怨就是解决问题的方式。抱怨不会解决任何问题，相反会造成负面情绪的滋长。

对贪婪者来讲，婚姻是不劳而获的狩猎场。对婚恋乌托邦患者来讲，婚姻是实现全部欲望的许愿池。婚恋乌托邦患者常会为自己幻化出一个完美的恋爱世界，期待着婚姻能够实现自己的全部愿望，不断自我催眠加固梦幻色彩，而不愿在现实中醒过来，特别是那些在现实生活中遭遇挫折的人。

对功利者来讲，婚姻是一次劫富济贫的资产转移。不相匹配的婚姻相当于一场抢劫，与向下而行的人结婚，就意味着将用你的生命、财富、事业以及前途作为代价，负责配偶的愚昧、懒惰、灾难以及错误的思想。在功利性婚姻中，成本大于收益通常是婚姻破裂的根本性问题。

对经营者来讲，婚姻是一场门当户对的资产重组。通常由两个家族各出一个法人代表组建公司，名字就叫作“新一代核心家庭”，共同养育的孩子就是双方盟约的象征物，财富的保值增值就是利润。双方不断平衡供需，相互补充。婚姻的关键点在于双方的认知与价值观。对有些人来讲，婚姻是一个身不由己、需要完成的任务。

对向上而行者来讲，婚姻是一场自证预言、心想事成的旅行。每个人最终活成什么样、婚姻是否幸福，主要取决于自己的认知能力。人生关键之处在于，要尝试着把马车升级为汽车，而不是对着马车上的一个小瑕疵而执着发力。人生就如穿越麦田，只走一次而不能回头，只有向上而行的思考者，才配得上真正的幸福。

婚姻是一种契约关系，就如同现代商业合同的签订一样，即使素未谋面也不影响交易的达成。事实上，这种现象在二婚、三婚中，极为常见。举个例子：有些人在三婚见第一面时就开始谈论婚后财产支配等婚姻细节，根本不需要任何爱情的铺垫和导入。

婚姻不是打牌，重新洗牌要付出重大的代价。在离婚率越来越高的今天，婚姻越来越成为一笔巨大的风险投资，一不小心就是血本无归。对无知者、不智者、自私者、不配者、贪婪者、功利者来讲，越来越不友好。婚姻的风险性增加，却没有带来更多的实际产出和收益，所以这也是婚姻越来越难以缔结的原因。

如何预测婚姻的稳定性？举个例子：在结婚之前，你能说出配偶的缺点越多而你仍然愿意与之结婚，那么在未来你对婚姻的满意度就可能越高，这样的婚姻越稳定；在结婚之前，如果你能说出配偶的缺点越少而你觉得对方完美无瑕，那么在未来你对婚姻的满意度就可能会越低，这样的婚姻越可能会不稳定。

有人说："长大的过程很长，可是能喜欢的人寥寥可数。"这句话并不是诗情画意的真谛，而是认知不足的表现。世间并没有完美的童话，也不存在完美无缺的配偶。问题并不在于世界的真相，而在于你对世界的认知。不提升自己的认知，世界全是遗憾；提升自己的认知，世界皆有可为。

那么如何解决自己的婚姻困境？非常简单。提升自己的认知与能力，使自己的认知与自己的欲望相匹配。维护婚姻一个最好的办法就是共同读优质之书。夫妻一起学习、提升认知、增长心智，建立互信网络。解决婚姻问题的本质是解决夫妻认知与价值观的问题。婚姻从来都不是在开盲盒，只是对认知不足的人来讲是这样的。

# 后 记

16 岁那一年的暑假，我在小镇工厂里刷瓶子，水池中似乎有着无穷无尽的瓶子在等待着我去捞出来，身后也总是有人在等着我把瓶子送过去。我孤独而彷徨、迷惘而无助，不知道自己前行何方、路在何处。可是苍天不语，大地无言，没有人会给我答案，因为我的父母与亲人连他们自己的人生也没有答案。

30 多年过去了，如今我的孩子再次面临我当年的困境。他问我："爸爸，我该怎么办？"今天的我是有答案的。在这里，我把这个答案写出来，写给曾经那个 16 岁的自己，写给此刻 16 岁的孩子，也写给全天下每一个迷惘的少年。

关于父代如何向孩子传承，我已经写在前两部书里了。但是如果你的父辈们不肯读书、不肯改变、不肯承担托举子代的责任，那么就只能由你自己来努力改天逆命了。

没有人会拥有救治银河系的良药，但一定能够找到改变自己的良方。差异性进化，通常是个体解决人生苦恼的关键。

对个体而言，如何完善自我、成长自我是首先要义。即在尽到社会责任义务的同时，如何完成自身卓越的成长与优势性状的传递。四合八荒终觉远，不如怜取眼前人。

我写的每一本书，都是无比真诚的。希望让每一句话都饱含思辨，让每一个字都拥有力量。不欺骗自己，才能够不欺骗世人。

对于那些循循善诱的思辨，也许有人会以为只是“站着说话不腰疼”，其实正是因为反复持续的腰疼，才明白站着说话的好处。

写作在很多时候都只是一个人的自言自语。读者如星星点点，隐匿在苍穹之下，人海之中，我并不知道你们在哪里，但我相信，相同的类群意识、相似的类群行为，终会令我们彼此相识。“原来你也在这里”，而相遇前的漫长等待，都只能化为此刻写作者的孤独。

让我们共寻智慧，同获幸福。相信你们能，你们行，你们成！